FORSCHUNGSBERICHTE DES LANDES NORDRHEIN-WESTFALEN

Nr. 2191

Herausgegeben im Auftrage des Ministerpräsidenten Heinz Kühn
vom Minister für Wissenschaft und Forschung Johannes Rau

Textil-Ing. Heidrun Oppelt
Dr.-Ing. Günther Satlow

Deutsches Teppich-Forschungsinstitut e. V., Haaren bei Aachen

Das Entstehen von Vacuolen in Wollen und deren Auswirkungen auf chemische und physikalische Eigenschaften

SPRINGER FACHMEDIEN WIESBADEN GMBH 1971

ISBN 978-3-531-02191-1 ISBN 978-3-663-06808-2 (eBook)
DOI 10.1007/978-3-663-06808-2

Ursprünglich erschienen bei Westdeutscher Verlag, Köln und Opladen 1971.

Inhalt

1. Einleitung

Bei laufenden mikroskopischen Untersuchungen der Wolle von gefärbten Teppichgarnen konnten wir immer wieder beobachten, daß eine mehr oder weniger große Anzahl der Fasern mit dunkel wirkenden kleinsten Punkten – meist über die ganze beobachtete Faserlänge hinweg – durchsetzt ist. Das mikroskopische Erscheinungsbild, bei zunächst geringerer mikroskopischer Vergrößerung, ist ähnlich wie das von mattierten Chemiefasern. Untersuchungen bei stärkerer mikroskopischer Vergrößerung lassen dann erkennen, daß es sich nicht um pigmentartige Einlagerungen handelt, sondern daß dieser Effekt durch kleinste Hohlräume hervorgerufen wird. Diese Hohlräume werden im folgenden mit »Vacuolen« bzw. »Löcher« bezeichnet.

Derartige Vacuolen bzw. Löcher sind bereits früher bei der mikroskopischen Untersuchung von Wolle nachgewiesen worden. Herzog [1] stellte Löcher in stark chlorierten Wollen, allerdings im nichtchlorierten Teil der Faser, fest. – von Bergen [2] fand luftgefüllte kleinste Löcher zwischen den Cortexzellen von Mohair. – Nach Mark und von Brunswik [3] sind Löcher im Mikrobild der Wollfasern erkennbar, wenn die Wolle allzu stark entfettet ist. Solche Löcher sprechen aber nach Reumuth [4, 6] nicht eindeutig für Entfettungsschäden durch Naßwäsche oder Lösungsmittel; nach seinen Beobachtungen treten derartige Vacuolen nach (langdauernden) Kochprozessen auf, z. B. nach dem Färben, Nuancieren (Farbstoffnachsetzen) und Nachchromieren, insbesondere in schwach alkalischen oder neutralen Bädern. – In jüngster Zeit hat Eckardt [5] ebenfalls auf das Auftreten von Löchern bzw. Vacuolen in Wolle nach schwachsaurer bis neutraler Färbung hingewiesen.

Die Frage, inwieweit chemische und mechanisch-physikalische Veränderungen oder gar Schäden mit dem Auftreten von Löchern in Wollfasern verbunden sind, war bisher nur in den Fällen geklärt, bei denen offensichtlich bei der betreffenden Behandlungsart ein Angriff auf die Wollfaser erfolgte (z. B. durch übertriebene Chlorierung). In Fällen von gefärbten Wollfasern, bei denen Vacuolen auftraten, wurde von seiten der untersuchenden Stellen behauptet *, daß durch das Färben eine Schädigung der Wolle, insbesondere derjenigen Fasern mit Vacuolen, eingetreten ist; hierfür liegen bisher keine Beweise vor.

Es erschien daher erforderlich, systematische Versuche bzw. Untersuchungen durchzuführen mit dem Ziel, klären zu helfen, unter welchen Färbebedingungen die Anzahl von Wollfasern mit Löchern bzw. Vacuolen zu- oder abnimmt und ob bzw. inwieweit sich bei Vorhandensein von »löchrigen« Fasern bestimmte chemische Eigenschaften sowie insbesondere Festigkeits-, Dehnungs- und Elastizitätseigenschaften verändern bzw. diese ungünstig beeinflußt werden.

In diesem Sinne ist die nachfolgende Ausarbeitung erstellt worden. Nach dem mikroskopischen Nachweis der Vacuolen in Woll-Einzelfasern und ihrer Verteilung sowie nach Erläuterung der angewandten Untersuchungsmethoden erfolgt mit Hilfe dieser Methoden die Auswertung von fabrikgefärbten und im Labor blindgefärbten Wollen in Zusammenhang mit der Häufung oder Verminderung von löchrigen Fasern.

Dieser Arbeit war nicht das Ziel gestellt, zu untersuchen, *wie* die Löcher bzw. Vacuolen morphologisch entstehen, sondern sie sollte feststellen, warum und unter welchen Umständen die Löcher auftreten und inwieweit sich solche löchrigen Fasern auf die verschiedenen Eigenschaften auswirken. Hinsichtlich der Entstehung von Vacuolen aus morphologischer Sicht bedarf es weiterer, jedoch andersartiger Untersuchungen.

* Wiedergegeben nach [5], wonach in einem Prüfamtsbescheid eine derartige Behauptung aufgestellt wurde.

2. »Hohlräume« (»Vacuolen« bzw. »Löcher«) in Wollfasern

2.1 Mikroskopischer Nachweis bzw. mikroskopische Erkennung der Vacuolen in Wollfasern

Unter der Voraussetzung, daß eine gefärbte Wolle überhaupt Fasern mit Vacuolen aufweist, kann man bereits bei der üblichen Einbettung in Glycerin unter Normalvergrößerung (bis 1: 250) eine mehr oder weniger große Anzahl von Wollfasern beobachten, bei denen man zunächst den Eindruck hat, daß sie »schwarze Punkte« aufweisen (Abb. 1 *). Dieses Bild ist ähnlich einer mattierten Chemiefaser. Auch bei stärkerer Vergrößerung (1: 400) hat man noch den Eindruck, daß es sich um pigmentartige, dunkle Einlagerungen handelt. Es läßt sich hierbei durch Beobachtung in verschiedenen Faserebenen bereits feststellen, daß sich die »dunklen Punkte« nicht in der Cuticula (Schuppendecke), sondern im Cortex (Spindelzellenschicht) befinden. Schließlich wird bei sehr starker Vergrößerung (1: 950) deutlich, daß die geschilderte Erscheinung nicht auf Einlagerungen irgendwelcher Art beruht, sondern durch kleinste Hohlräume bedingt ist, die in den verschiedenen Ebenen des Cortex liegen, jedoch, um es zu wiederholen, nicht in der Cuticula zu finden sind (Abb. 2). Querschnittaufnahmen bestätigen zusätzlich diesen Tatbestand (Abb. 3).

Diese Beobachtungen sind unabhängig von der Art des Einbettungsmittels; selbst bei stark quellenden (an sich unüblichen) Einbettungsmitteln, wie z. B. 2 n NaOH, sind die Hohlräume erkennbar. Bei Beobachtung im Phasenkontrast werden die Hohlräume ebenfalls gut sichtbar.

Elektronenmikroskopische Aufnahmen ** bestätigen eindeutig das Vorhandensein von Hohlräumen. Danach befinden sich diese zwischen den Cortexzellen (Abb. 4). Die Cortexsubstanz ist somit von den Vacuolen nicht betroffen.

Form und Größe der Vacuolen sind unterschiedlich. Es gibt runde bis ovale Formen, wobei die Abmessungen zwischen 0,2 und 2 mμ liegen; im allgemeinen zeigen feinere Fasern kleinere Vacuolen als gröbere Fasern.

2.2 Verteilung der Menge der Vacuolen zwischen und innerhalb der Wollfasern und ihre Gruppierung

Bei der mikroskopischen Untersuchung von Woll-Einzelfasern aus gefärbten Teppichgarnen kann grundsätzlich folgendes festgestellt werden.

Die Wollfasern der verschiedenen Farbgarne zeigen nicht immer gleich starke Löchrigkeit, d. h., es gibt Garne, bei denen die überwiegende Anzahl der Fasern keine oder eine nur schwache Löchrigkeit aufweisen, dagegen gibt es andere Garne, von denen eine größere Anzahl von Fasern stark löchrig ist, während sich der Rest in Fasern ohne Löcher bzw. wenig Löcher aufteilt.

Hieraus ist zu erkennen, daß in ein und demselben Garn die Verteilung des Grades der Löchrigkeit verschieden sein kann. Allerdings ist immer eindeutig mikroskopisch erkennbar, ob die Anzahl von Fasern mit starker Löchrigkeit größer oder kleiner ist. Bei stark löchrigen Fasern verteilt sich die Menge der Vacuolen relativ gleichmäßig über die gesamte Faserlänge, sie lassen sich somit zahlenmäßig eindeutig erfassen. Fasern mit einer

* Die Abbildungen befinden sich im Anhang ab Seite 33.

** Diese elektronenmikroskopischen Aufnahmen wurden freundlicherweise von P. Kassenbeck, seinerzeit Institut Textile de France, Paris, jetzt Fraunhofer Institut für angewandte Mikroskopie, Fotografie und Kinematografie, Karlsruhe, hergestellt.

geringen Anzahl von Vacuolen zeigen in dieser Hinsicht eine mehr oder weniger ungleichmäßige Verteilung, d. h. in gewissen Abschnitten der Faser sind praktisch keine Vacuolen, in anderen Abschnitten sind einige Vacuolen vorhanden.
Bei der Auswertung über den Anteil von löchrigen Wollfasern haben wir daher nur zwei Gruppen gebildet, und zwar handelt es sich bei der

Gruppe A um stark löchrige Fasern,

bei der

Gruppe B um Fasern ohne bzw. mit geringer Löchrigkeit.

In den nachfolgenden Tabellen wird i. a. nur die Gruppe A angegeben, und zwar ausgedrückt in % der Anzahl untersuchter Fasern.

3. Probenmaterial

Für die Untersuchungen standen zur Verfügung:

14 Woll-Teppichgarne, rohweiß und fabrikgefärbt (ohne Kenntnis der Färbeweise) – vgl. Abschnitt 5

9 Woll-Teppichgarne, rohweiß und fabrikgefärbt (mit Kenntnis der Färbeweise) – vgl. Abschnitt 5

1 sog. Standard-Wollgarn (üblicherweise verwendet zum Parallelversuch bei Bestimmung der Löslichkeiten usw.) – vgl. Abschnitt 6

4 Woll-Kammzüge, rohweiß, in verschiedener Feinheit (zwischen ca. 26 und 45 mμ) – vgl. Abschnitt 7

4. Durchgeführte Untersuchungen

4.1 Mikroskopische Untersuchungen – Verfahren zur Bestimmung des zahlenmäßigen Anteils löchriger Wollfasern

1. Bei den fabrikgefärbten Wollgarnen (vgl. Abschnitt 5) erfolgte das Auszählen der Fasern, aufgeteilt nach Fasern der Gruppe A (stark löchrig) und B (nicht bzw. wenig löchrig), an Faserpräparaten (Einbettungsmittel Immersionsöl), die in Anlehnung an DIN 53 811 hergestellt waren (Lanametermethode).
   Anzahl der jeweils mikroskopisch untersuchten Fasern: 300.
2. Von den im Labor behandelten Woll-Kammzügen (vgl. Abschnitt 7) wurde jeweils eine Hälfte der Fasern nebeneinander an den Kanten von Objektträgern – in Querrichtung zu diesen – festgeklebt. Diese sehr zeitaufwendige Methode war erforderlich, um sowohl die Löchrigkeit als auch die Feinheit (in Anlehnung an DIN 53 811) zu ermitteln.
   Anzahl der untersuchten Fasern je Behandlungsstufe: 200.
   An der anderen Hälfte derselben Fasern erfolgten Zug- und Elastizitätsprüfungen, so daß für diese Versuche Feinheit bzw. Durchmesser sowie Grad der Löchrigkeit je Faser bekannt waren (vgl. auch Abschnitt 4.3.1 und 4.3.2).

4.2 Chemische Untersuchungen

1. Alkalilöslichkeit [7]
2. Harnstoff-Bisulfitlöslichkeit [8]
3. Cystingehalt [9] – Cystin plus Cystein in Wollhydrolysaten – an den Kammzügen durchgeführt
4. pH des wäßrigen Auszuges [11]

4.3 Mechanisch-physikalische Untersuchungen

4.3.1 Zugversuche (Reißkraft, Zugfestigkeit, Reißdehnung) an Woll-Einzelfasern im normalfeuchten (65 % rel. L.-F., 20° C) und nassen Zustand

Die nachfolgend beschriebenen Untersuchungen beziehen sich nur auf die unterschiedlich feinen Kammzüge nach den verschiedenen Behandlungsstufen (vgl. Abschnitt 7.1).
Die Prüfungen erfolgten auf einem Zugprüfgerät mit konstanter Dehnungszunahme (System Fafegraph F) bei 10 mm Einspannlänge an je 100 Fasern. Von jeder Faser wurden Feinheit und Löchrigkeit bestimmt (vgl. Abschnitt 4.1, 2.). Auf diese Weise konnte für jede Faser die Zugfestigkeit (kp/mm²) berechnet und zudem überprüft werden, ob die betreffende Faser löchrig oder nichtlöchrig ist. Damit ließ sich gleichzeitig der Einfluß der Löchrigkeit auf die Zugfestigkeit und Reißdehnung untersuchen.

4.3.2 Elastizitätsversuche [10] an Woll-Einzelfasern im normalfeuchten (65 % rel. L.-F., 20° C) und nassen Zustand

Die sehr zeitaufwendigen und schwierigen Versuche sind nur an einem der Kammzüge in den verschiedenen Behandlungsstufen durchgeführt worden.
Zur Überprüfung des elastischen Verhaltens der Einzelfasern erfolgten stufenweise Belastungen und Entlastungen auf dem gleichen Zugprüfgerät wie im Falle von 4.3.1, und zwar sowohl im normalfeuchten als auch im nassen Zustand.
Die Einspannlänge betrug 20 mm. – Der Be- und Entlastungsvorgang in Stufen von 2,5–5–10–15–20–30–40 % der Einspannlänge bis zum Bruch war folgender:
Belastung bis 2,5 % (der Einspannlänge), sofortige Entlastung bis 0 %, d. h. bis zum Erreichen der Ausgangsstellung der Einspannklemme; in dieser Stellung 1 Minute Erholung. Wiederholung des gleichen Vorganges um jeweils eine Stufe weiter bis zum Faserbruch (siehe oben) an der gleichen Faser *.
Für jede Stufe wurden aus dem Diagramm folgende Werte ausgemessen:

Elastische Dehnung, d. h. diejenige Dehnung, die während der Entlastung reversibel ist und gemäß Abb. 5 der Strecke CB entspricht.

Verzögerte elastische Dehnung, d. h. diejenige Dehnung, die erst nach der Erholungszeit von 1 Minute reversibel ist und gemäß Abb. 5 der Strecke D–C entspricht.

Beide zusammen stellen die gesamte reversible Dehnung bzw. Elastizität der Faser nach Be- und Entlastung sowie entsprechender Erholungszeit dar (Abb. 5, Strecken CB und DC).

* Gegenüber dem Verfahren von Susich und Backer [10] ist die hier vorgenommene Prüfung insofern modifiziert, als daß statt jeweils einer neuen Faser für jede Belastungsstufe durchweg eine einzige Faser für die verschiedenen Belastungsstufen eingesetzt wurde. Wir haben uns damit an das Verfahren angelehnt, das im Deutschen Wollforschungsinstitut Aachen durchgeführt wird. – Unabhängig davon erfolgen die Vergleichsuntersuchungen an mindestens je 10 löchrigen und nichtlöchrigen Einzelfasern je Behandlungsstufe.

»Tote« bzw. irreversible Dehnung, d. h. diejenige Dehnung, die nach der Entlastung und auch nach der Erholung irreversibel ist und somit in Abb. 5 der Strecke AD entspricht. Ausmessen der Fläche der verschiedenen Dehnungszustände in % der jeweiligen Dehnungsstufe [10].
Anzahl der ausgewerteten löchrigen und nichtlöchrigen Wollfasern gleichen Durchmessers zum eindeutigen Vergleich evtl. Veränderungen N = 10.

5. Untersuchungen an fabrikgefärbten Garnen

5.1 Mikroskopie – Unterschiedliche Fasermengen mit Vacuolen

Wie bereits in der Einleitung kurz ausgeführt, treten die Vacuolen vorwiegend bei gefärbter Wolle auf. Jedoch gilt dies – soweit dies aus den früher durchgeführten zahlreichen mikroskopischen Untersuchungen an handelsüblichen Woll-Teppichgarnen zu schließen ist – nicht für alle Färbungen, wie dies auch schon Eckardt [5] festgestellt hat.
Um hier weitere Feststellungen zu treffen, welche mögliche Ursache für diesen Unterschied in Betracht kommt, wurden aus der Vielzahl der im Institut mikroskopisch untersuchten Proben 14 gefärbte Woll-Teppichgarne beliebig entnommen, deren Färbeart uns nicht bekannt war. In den überwiegenden Fällen stand das nichtgefärbte »Rohgarn« als Vergleich zur Verfügung.
Von diesen 14 Farbgarnen wiesen auf Grund mikroskopischer Untersuchungen (Verfahren vgl. Abschnitt 4.1, 1.) 6 Proben nur eine geringe Anzahl, 8 dagegen eine erhebliche Anzahl Wollfasern mit Vacuolen auf.
Von allen Proben – einschließlich der rohweißen Proben – erfolgte die Bestimmung des pH des wäßrigen Auszuges [11]. In Tab. 1 sind diese pH-Werte dem jeweiligen Anteil der Wollfasern mit Vacuolen (in % der gesamten untersuchten Fasern) gegenübergestellt.
Während der wäßrige Auszug des »Rohgarnes« einen mittleren pH von 7,6 (± 0,8) aufweist, beträgt dieser bei 6 gefärbten Garnen (oberer Teil der Tab. 1) 3,5 ± 0,3, bei 8 gefärbten Garnen (unterer Teil der Tab. 1) 6,5 ± 0,5. Im ersten Fall handelt es sich um Garne mit einer geringen Anzahl löchriger Wollfasern, im zweiten Fall um Garne mit einer größeren Anzahl löchriger Wollfasern. – Abb. 6 gibt in Form eines Säulendiagramms die Verteilung der Garne mit wenig löchrigen Fasern über den pH-Bereich etwa 3–4, der Garne mit vielen löchrigen Fasern über den pH-Bereich 6–7 wieder.
Aus diesen Ergebnissen kann rückgeschlossen werden, daß es sich bei den 3,5-pH-Garnen um sauer gefärbte, bei den 6,5-pH-Garnen um solche handelt, die nach einem Färbeverfahren für neutral ziehende Metallkomplexfarbstoffe gefärbt sind. Es läßt sich somit festhalten, daß eine schwachsaure bis neutrale Färbung eine Erhöhung der Anzahl Wollfasern mit Vacuolen bewirkt, während dies bei saurer Färbung nicht der Fall ist. – Im übrigen zeigt sich, daß auch die ungefärbten rohweißen Garne bereits eine geringe Anzahl von Wollfasern mit Vacuolen aufweisen.
Um die soeben beschriebenen Ergebnisse noch zu untermauern, wurden die Wollen von weiteren 9 fabrikgefärbten Teppichgarnen ebenfalls mikroskopisch untersucht, und zwar im Vergleich zur Wolle des rohweißen Garnes. In diesem Falle waren uns die jeweilige Farbstoffklasse und somit das entsprechende Färbeverfahren bekannt. Es handelt sich um vier Färbungen mit sauren Wollfarbstoffen, um fünf Färbungen mit neutral ziehen-

Tab. 1 pH-Wert des wäßrigen Extraktes und Löchrigkeit der Wolle von fabrikgefärbten Teppichgarnen und ihren jeweiligen Rohgarnen

Nr.		pH	Anzahl der Wollfasern mit Vacuolen %*
266	Rohgarn	6,7	7
	gefärbtes Garn	3,7	10
272	Rohgarn	7,0	1
	gefärbtes Garn	3,7	4
272	Rohgarn	7,2	0
	gefärbtes Garn	3,7	1
347	gefärbtes Garn	2,9	3
594	Rohgarn	7,7	9
	gefärbtes Garn	3,6	2
595	Rohgarn	8,0	10
	gefärbtes Garn	3,4	2
	$\bar{x}$ Rohgarn	7,3 ± 0,5	5,4 ± 4,6
	$\bar{x}$ gefärbtes Garn	3,5 ± 0,3	3,7 ± 3,3
74	Rohgarn	8,2	15
	gefärbtes Garn	5,6	41
	gefärbtes Garn	6,2	52
77	Rohgarn	7,4	3
	gefärbtes Garn	6,3	45
178	Rohgarn	6,6	20
	gefärbtes Garn	6,5	32
340	Rohgarn	8,3	21
	gefärbtes Garn	6,6	43
346	Rohgarn	9,5	2
	gefärbtes Garn	7,4	21
350	Rohgarn	6,9	9
	gefärbtes Garn	6,9	36
538	Rohgarn	7,8	2
	gefärbtes Garn	6,3	15
	$\bar{x}$ Rohgarn	7,8 ± 1,0	10,3 ± 8,4
	$\bar{x}$ gefärbtes Garn	6,5 ± 0,5	35,6 ± 12,5
	$\bar{x}$ Rohgarn gesamt	7,6 ± 0,8	8,3 ± 7,3

* In % der mikroskopisch untersuchten Fasern (N = 300).

den Metallkomplexfarbstoffen nach üblichen Färbeverfahren. (Die Vorbehandlung der rohweißen Wollgarne kannten wir nicht.)

Die mikroskopischen Untersuchungen und Auswertungen von 300 Einzelfasern je Probe erfolgten nach den unter Abschnitt 4.1, 1. angegebenen Verfahren. Aus der nachstehenden Tab. 2 ist zunächst zu ersehen, daß von den Wollfasern der ungefärbten »Rohgarne« nur rd. 9 % (Mittel) Vacuolen aufweisen. Von den sauer gefärbten Garnen haben nur rd. 2 % (im Mittel) der Wollfasern Vacuolen. Dagegen zeigt ein hoher Prozentsatz der im Neutralbereich gefärbten Wollfasern, nämlich im Mittel rd. 35 %, Vacuolen.

Diese Ergebnisse bestätigen, daß Vacuolen in Wollfasern dann in erhöhtem Maße auf-

Tab. 2 »Löchrigkeit« der Wolle von fabrikgefärbten Woll-Teppichgarnen und ihren Rohgarnen

Nr.		Färbe-verfahren	Anzahl der Wollfasern mit Vacuolen %*
1446	Rohgarn	sauer	1
	gefärbtes Garn	(pH ca. 2,5/3)	3
1498	Rohgarn	│	2
	gefärbtes Garn	│	2
1511	Rohgarn	│	8
	gefärbtes Garn	│	1
1517	Rohgarn	│	7
	gefärbtes Garn	↓	1
	$\bar{x}$ Rohgarn (N = 4)		4,5 ± 3,5
	$\bar{x}$ gefärbtes Garn (N = 4)		1,8 ± 1,0
1465	Rohgarn	schwach sauer	6
	gefärbtes Garn	bis neutral	24
1482	Rohgarn	(pH ca. 5,5/6)	5
	gefärbtes Garn	│	25
1508	Rohgarn	│	22
	gefärbtes Garn	│	46
1512	Rohgarn	│	12
	gefärbtes Garn	│	45
1516	Rohgarn	│	15
	gefärbtes Garn	↓	37
	$\bar{x}$ Rohgarn (N = 5)		12,0 ± 7,0
	$\bar{x}$ gefärbtes Garn (N = 5)		35,4 ± 10,6
	$\bar{x}$ Rohgarn insgesamt (N = 9)		8,7 ± 6,7

* In % der mikroskopisch untersuchten Fasern (N = 300).

treten, wenn die Wolle mit schwach sauer bis neutral ziehenden Farben gefärbt wurde. Dagegen ist nach saurer Färbung die Anzahl Wollfasern mit Vacuolen gleich niedrig wie die des ungefärbten Rohgarnes bzw. vermindert sich sogar in der Tendenz. – Indirekt ist noch zu schließen, daß die Schwankungen hinsichtlich Vacuolen zwischen den verschiedenen Rohgarnen möglicherweise auf eine unterschiedliche Vorbehandlung der Rohwolle zurückzuführen ist.

5.2 Löslichkeiten der farbikgefärbten Woll-Teppichgarne

Um in erster Näherung zu überprüfen, ob das Auftreten einer größeren Menge Fasern mit Vacuolen (nach Färben im Neutralbereich) eine chemische Veränderung der Wolle gegenüber solchen mit wenig Vacuolen (nach saurer Färbung) herbeiführt, wurde von den meisten der oben untersuchten Wollgarne deren Alkalilöslichkeit (AL) und Harnstoff-Bisulfitlöslichkeit (HBL) bestimmt. Die Ergebnisse sind – im Vergleich zu den entsprechenden Rohgarnen – in Tab. 3 wiedergegeben, und zwar getrennt nach sauer gefärbten und im Neutralbereich gefärbten Garnen.

Tab. 3 Alkalilöslichkeit (AL) und Harnstoff-Bisulfitlöslichkeit (HBL) von fabrikgefärbten Woll-Teppichgarnen

Nr.		AL %	HBL %
	Im sauren Bereich (pH 2,5/3) gefärbte Garne (vgl. Tab. 1 und 2)		
266	Rohgarn	12,4	30,5
	gefärbtes Garn	13,1	28,6
347	gefärbtes Garn	29,4	45,4
595	Rohgarn	14,8	38,7
	gefärbtes Garn	24,4	56,1
1446	Rohgarn	11,0	24,5
	gefärbtes Garn	12,8	24,3
1498	Rohgarn	12,8	34,9
	gefärbtes Garn	12,8	28,9
1511	Rohgarn	14,2	37,9
	gefärbtes Garn	16,1	35,1
1517	Rohgarn	12,2	38,9
	gefärbtes Garn	18,7	45,8
	$\bar{x}$ Rohgarn	12,9 ± 1,4	34,2 ± 5,7
	$\bar{x}$ gefärbtes Garn	18,2 ± 6,5	37,7 ± 11,6
	Im Neutralbereich (ca. pH 6) gefärbte Garne		
74	Rohgarn	14,3	40,2
	gefärbtes Garn	10,3	11,3
	gefärbtes Garn	11,0	14,1
77	Rohgarn	12,8	37,2
	gefärbtes Garn	11,7	9,1
340	Rohgarn	14,8	49,2
	gefärbtes Garn	11,1	34,5
1465	Rohgarn	12,9	34,6
	gefärbtes Garn	11,9	12,0
1482	Rohgarn	13,9	37,1
	gefärbtes Garn	9,9	13,8
1508	Rohgarn	13,7	26,0
	gefärbtes Garn	10,6	8,2
1512	Rohgarn	13,7	37,0
	gefärbtes Garn	9,7	7,5
1516	Rohgarn	12,3	39,1
	gefärbtes Garn	9,3	13,6
	$\bar{x}$ Rohgarn	13,6 ± 0,8	37,6 ± 6,4
	$\bar{x}$ gefärbtes Garn	10,6 ± 0,9	13,8 ± 8,2

Die Rohgarne weisen die für gewaschene Wollen übliche AL von im Mittel 13,3 % ± 1,1 % sowie eine HBL von im Mittel 36,1 % ± 6,1 % auf [16]. Bei den Wollen mit einem geringen Anteil von Vacuolen (nach saurer Färbung) steigt die AL im Mittel auf rd. 18 % ± 6,5 %, die HBL verändert sich praktisch nicht. Bei den stark löchrigen Wollen (nach Färben im Neutralbereich) sinkt die AL etwas ab, nämlich auf im Mittel 10,6 % ± 0,9 %, die HBL etwas stärker ab, nämlich auf im Mittel 13,8 % ± 8,2 %. Diese Veränderungen hinsichtlich AL und HBL sind erfahrungsgemäß [12] einzig und allein durch die angewandten Färbeverfahren bedingt; sie hängen somit nicht mit dem Vorhandensein oder Nichtvorhandensein von Vacuolen zusammen.

6. Untersuchungen an einem vorbehandelten und blindgefärbten Wollgarn

Bei den im vorigen Abschnitt 5 mit untersuchten (nichtgefärbten) Rohgarnen hatte sich herausgestellt, daß bei diesen bereits eine gewisse, allerdings variierende Anzahl von Wollfasern Vacuolen aufwiesen. Wir führen dies möglicherweise auf unterschiedliche Vorbehandlungen der rohweißen Wolle zurück. Um zu überprüfen, inwieweit sich Vorbehandlungen auf die Bildung von Vacuolen in Wolle auswirken, erfolgte zunächst eine isoionische Wäsche nach folgendem Rezept:

Vorwäsche: 5 cm^3 Nekanil 0 konz. in Lösung und 0,75 cm^3 Eisessig pro 1 l H_2O dest., 50° C, 30 min; Nachwäsche: 1 cm^3 Nekanil 0 konz. in Lösung und 24 cm^3 Bühlerpuffer (272,2 Natriumacetat x 3 H_2O, 83 ml Eisessig, auf 1 l auffüllen; pH 5,2) pro 1 l H_2O dest., 40° C (bei Kammzügen 20–25° C), 30 min [13].

Anschließend wurde eine Extraktion mit Methylenchlorid nach der IWV-Methode [14] vorgenommen.

Sowohl das unbehandelte als auch das isoionisch gewaschene sowie das anschließend entfettete Garn ist zur Überprüfung des Einflusses von Färbeverfahren auf die Bildung von Vacuolen der Wolle nach folgenden Rezepten blindgefärbt worden, d. h. ohne Zusatz von Farbstoffen:

Rezept für gut egalisierende Säurefarbstoffe [15]
Flottenverhältnis 1 : 50
4 % Schwefelsäure konz. in % vom Wollgewicht
10 % Glaubersalz kalz. in % vom Wollgewicht

Man geht mit der Wolle bei 50–60° C ein, treibt langsam zum Kochen und kocht etwa 1–1½ Stunden. – Hier 1¼ Stunden.

Rezept für neutral ziehende Metallkomplexfarbstoffe
Flottenverhältnis 1 : 50
3,5 % Ammoniumsulfat in % vom Wollgewicht
mit Essigsäure auf pH 6 eingestellt

Man geht mit der Wolle bei 50–60° C ein und hantiert etwa 15 Minuten. Man erwärmt innerhalb ½ Stunde zum Kochen und färbt ½–1 Stunde bei Kochtemperatur. – Hier 45 Minuten.

Von allen nach diesen Behandlungen erhaltenen Proben wurden bestimmt:
Anzahl der Wollfasern mit Vacuolen (N = 300) – vgl. Abschnitt 4.1, 1.
Alkalilöslichkeit und Harnstoff-Bisulfitlöslichkeit – vgl. Abschnitt 4.2

Die Ergebnisse sind in Tab. 4 wiedergegeben.

Zunächst zeigt sich, daß bereits durch die isoionische Wäsche die Anzahl löchriger Fasern etwas zunimmt. Während von dem unbehandelten Wollgarn nur 6 % der Fasern Vacuolen aufweisen, steigt die Faserzahl mit Vacuolen nach der isoionischen Wäsche auf rd. 15 %. Wird die isoionisch gewaschene Wolle zusätzlich »entfettet« (Methylenchloridextraktion

[14]), sinkt die Anzahl Fasern mit Vacuolen auf 2 % wieder ab, liegt somit noch unter der des unbehandelten Ausgangsmaterials.
Die Blindfärbung bei pH 6 bewirkt eine deutliche Zunahme der Anzahl löchriger Wollfasern, und zwar unabhängig davon, ob die Wolle unbehandelt vorlag, isoionisch gewaschen oder zusätzlich entfettet war; im letzteren Fall ist der Anteil löchriger Fasern nicht ganz so groß.
Bei der sauren Blindfärbung (pH 2,5/3) bleibt die Anzahl Wollfasern mit Vacuolen gegenüber dem unbehandelten Ausgangsmaterial praktisch unverändert.
Diese Versuche bestätigen, daß durch ein Färben im schwachsauren bis neutralen Bereich (pH 6) mit einer erheblichen Zunahme von Wollfasern mit Vacuolen zu rechnen ist und daß bei einem Färben im sauren Bereich (pH 2,5/3) – trotz längerer Kochzeit – die Anzahl Fasern mit Vacuolen nicht steigt. (Damit ist auch indirekt bewiesen, daß das Entstehen von Vacuolen nicht von der Dauer der Behandlungszeit im kochenden Färbebad abhängig ist, sondern vorwiegend vom pH-Wert der Flotte. Im übrigen hängt die Bildung von Löchern bzw. Vacuolen in Wolle nicht von der Höhe des Ammoniumsulfats ab; sowohl bei 2 % als auch bei 5 % Ammoniumsulfatzugabe wird etwa die gleich hohe Anzahl Fasern mit Vacuolen gefunden wie bei 3,5 %.)

Tab. 4 »Löchrigkeit« sowie AL und HBL eines vorbehandelten und anschließend blindgefärbten Wollgarnes

	Anzahl der Wollfasern mit Vacuolen %*	AL	HBL
unbehandelt	6	14,7	27,8
pH-6-gefärbt	40	14,0	22,3
pH-2,5/3-gefärbt	11	19,3	37,6
isoionisch gewaschen	15	14,9	31,2
pH-6-gefärbt	36	15,5	26,6
pH-2,5/3-gefärbt	12	21,4	41,5
isoionisch gewaschen und »entfettet«	2	14,7	28,9
pH-6-gefärbt	25	15,8	21,9
pH-2,5/3-gefärbt	3	21,3	40,2

* In % der mikroskopisch untersuchten Fasern (N = 300).

Aus den Versuchen geht weiterhin hervor, daß bereits eine Waschbehandlung im schwachsauren Bereich (pH 5,2) zu einer gewissen Erhöhung der Anzahl Fasern mit Vacuolen führt, ein erster Beweis dafür, daß mit steigendem pH-Wert der Behandlungsflotte – unabhängig davon, ob es sich um eine Blindfärbung oder eine Waschbehandlung im warmen bis heißen Bereich handelt – eine Zunahme der Anzahl Fasern mit Vacuolen eintritt. Allerdings gilt dies, wie noch zu zeigen sein wird (vgl. Abschnitt 8), nur zwischen bestimmten pH-Bereichen.
Hieraus erklärt sich auch, daß die im vorigen Abschnitt behandelten Rohgarne eine unterschiedlich hohe, wenn auch allgemein geringe, Anzahl von Fasern mit Vacuolen aufweisen, da sie voraussichtlich einer unterschiedlichen Waschbehandlung ausgesetzt waren.
Eine »Entfettung« (mit Methylenchlorid) hat zumindest in diesem Fall nicht, wie häufig vermutet wird, eine Zunahme, sondern eine Abnahme der Vacuolen zur Folge.

7. Untersuchung an Woll-Kammzügen

Nachdem auf Grund der bisherigen Untersuchungen feststand, daß das Auftreten von mikroskopisch erkennbaren Vacuolen bzw. Löchern in Wollfasern eng oder zumindest maßgebend mit dem pH-Wert der Behandlungsflotte zusammenhängt, wurden die Untersuchungen an rohweißen Woll-Kammzügen fortgesetzt. Wir haben die Form des Kammzuges gewählt, weil bei diesem die Herausnahme der Einzelfasern zum Messen des Durchmessers und zur Erfassung der Fasern mit und ohne Vacuolen für die mechanisch-physikalischen Versuche erleichtert wird.
Wir haben weiterhin Kammzüge von Wollen verschiedener Feinheiten ausgewählt – also nicht nur relativ grobe Wollen, wie diese überwiegend in der Teppichindustrie verwendet werden –, um zu überprüfen, ob die Zunahme der Anzahl Wollfasern mit Vacuolen nach Kochbehandlung im pH-6-Bereich für Wollen jeglicher Feinheit zutrifft.
Feinheit (Lanametermessungen N = 1000) und pH-Werte des wäßrigen Auszuges der vier rohweißen Woll-Kammzüge sind folgende:

	Bezeichnung	Feinheit mμ	pH-Wert
Kammzug	R	25,6	9,0
Kammzug	S	28,6	9,4
Kammzug	T	35,6	8,9
Kammzug	U	45,4	9,2

Um die von uns nicht kontrollierbaren unterschiedlichen Behandlungen der Rohwolle auszuschalten und um eine gleiche Ausgangsbasis für die nachfolgenden Versuche zu haben, wurden alle Kammzüge isoionisch gewaschen (Rezept s. Abschnitt 6).

7.1 Blindfärbungen der Kammzüge

Die Färbeverfahren waren die gleichen, wie diese in Abschnitt 6 für das Wollgarn beschrieben sind, d. h., es wurde nach dem Verfahren sauer ziehender Wollfarbstoffe (pH 2,5/3) sowie nach dem Verfahren neutral ziehender Metallkomplexfarbstoffe (pH 6) blind (ohne Farbstoffzusatz) gefärbt. Ein Teil der in schwachsaurem bis neutralem Gebiet blindgefärbten Proben ist anschließend einer sauren kochenden Behandlung unterworfen worden. Der Einfachheit halber ist hierzu die saure Blindfärbung (pH 2,5/3) angewendet worden.
In der nachstehenden Tabelle 5 sind die pH-Werte des wäßrigen Auszuges der Wolle nach den verschiedenen Blindfärbungen zusammengestellt.

Tab. 5 pH-Wert des wäßrigen Auszuges der Wolle nach Blindfärbung der Kammzüge

Kammzug Bezeichnung	Blindfärbung nach isoionischer Wäsche pH 6	pH 2,5/3	pH 6 anschl. pH 2,5/3
R	4,6	3,1	3,0
S	4,5	3,0	3,1
T	4,5	3,1	3,1
U	4,6	3,1	3,1

7.2 Untersuchungsergebnisse

7.2.1 Mikroskopie

7.2.1.1 Anteil der Wollfasern mit Vacuolen in Abhängigkeit von der Wollfeinheit und den angewandten Färbeverfahren der Kammzüge

Die Wollfasern aller Kammzüge im Ausgangsstadium sowie nach der isoionischen Wäsche und den verschiedenen Färbeverfahren wurden nach der in Abschnitt 4.1, 2. beschriebenen mikroskopischen Untersuchungsmethode hinsichtlich Anteil der Vacuolen untersucht.
Tab. 6 gibt die Ergebnisse wieder, geordnet nach steigendem Faserdurchmesser.
Betrachtet man zunächst die einzelnen Spalten, unabhängig von der Behandlungsart, so stellt sich als neue Erkenntnis heraus, daß mit zunehmendem Faserdurchmesser die Anzahl Wollfasern mit Vacuolen zunimmt. Mit anderen Worten: Feinere Wollen neigen in geringerem Maße zur Vacuolenbildung als gröbere Wollfasern *. Dies gilt bereits für die im rohweißen (unbehandelten) Zustand vorliegenden Kammzüge. Die Ursache für diese allerdings in geringem Maße auftretenden Vacuolen, dürfte darin zu suchen sein, daß längere Warmwasserbehandlungen und niedrigere pH-Werte der Waschflotte, wie dies z. B. bei der Wäsche von Schweißwolle der Fall ist, bereits bei wenigen, insbesondere gröberen Wollfasern, zur Vacuolenbildung führen.

*Tab. 6 Anzahl der Wollfasern mit Vacuolen nach Blindfärbung in %**

	a	b	c	d	e	f
Kammzug Bezeichnung				Blindfärbung nach isoionischer Wäsche		
	Feinheit mμ	unbehandelt	isoionisch gewaschen	pH 6	pH 2,5/3	pH 6 anschl. pH 2,5/3
R	25,6	7	14	15	12	3
S	28,6	9	29	48	12	11
T	35,6	11	30	75	10	18
U	45,4	14	34	83	19	23

* In % der Gesamtzahl der mikroskopisch untersuchten Wollfasern (N = 200).

Es bestätigt sich, daß durch die isoionische Wäsche (pH-Bereich um 5) – vgl. Abschnitt 6 – bereits eine gewisse Zunahme der Anzahl Fasern mit Vacuolen eintritt; diese Anzahl liegt bei den feineren Wollfasern im Bereich von 14 %, bei den gröberen Wollfasern bereits im Bereich von 34 %.
Weiterhin wird bestätigt, daß eine anschließend an die isoionische Wäsche durchgeführte Blindfärbung im schwachsauren bis neutralen Bereich zu einer weiteren Erhöhung der Anzahl Wollfasern mit Vacuolen führt. Dies gilt wiederum jedoch nur für die gröberen, besonders für die sehr groben Kammzüge. Während der feinere Kammzug R (25,6 mμ) praktisch keine Zunahme von Wollfasern mit Vacuolen zeigt, steigert sich die Anzahl Wollfasern mit Vacuolen bei den gröberen Kammzügen T und U (36 bzw. 45 mμ) um rd. 150 % gegenüber den isoionisch gewaschenen Kammzügen.

* An anderer Stelle – vgl. Abschnitt 7.2.1.2 – wird auch noch festzustellen sein, daß innerhalb einer Wollkammzugqualität die feineren Fasern in wesentlich geringerem Maße Vacuolenbildung zeigen als die gröberen.

Wird die Wolle nach der isoionischen Wäsche sauer (blind) gefärbt (pH 2,5/3), so bleibt die Anzahl Wollfasern mit Vacuolen bei dem feinsten Kammzug R etwa gleich hoch wie nach isoionischer Wäsche, nimmt jedoch bei den anderen (gröberen) Kammzügen (S, T, U) gegenüber den isoionisch gewaschenen Wollen sogar deutlich ab. Hier ist der erste Hinweis gegeben, daß die Bildung von Vacuolen *reversibel* ist, wenn man die Wolle einer stärkeren sauren Kochbehandlung unterzieht, wie dies bei der sauren Blindfärbung (pH 2,5/3) der Fall ist, da die bei der schwachsauren Behandlung (isoionische Wäsche) auftretenden Vacuolen (zumindest zum Teil) wieder verschwinden.
Dieser Vorgang ist durch eine saure, kochende Nachbehandlung der im pH-6-Bereich gefärbten Woll-Kammzüge – der Einfachheit halber wurde hier das saure Blindfärbeverfahren angewendet – eindeutig geklärt worden. Aus der Spalte f der Tab. 6 geht hervor, daß in allen Fällen die Anzahl der Wollfasern mit Vacuolen sowohl gegenüber den isoionisch gewaschenen Woll-Kammzügen (Spalte c) als auch gegenüber den anschließend pH-6-gefärbten Kammzügen (Spalte d) zum Teil erheblich absinkt. – Zur weiteren Veranschaulichung der Zu- und Abnahme von Fasern mit Vacuolen in Abhängigkeit von der Feinheit der Wollfasern und der Behandlungsarten dient Abb. 7.

7.2.1.2 Anteil der Wollfasern mit Vacuolen innerhalb der Kammzüge

Nachdem sich zeigte, daß die Löchrigkeit im Zusammenhang mit der Feinheit (Durchmesser) der Wollfaser steht, sind die Fasern der verschiedenen Kammzüge nach den einzelnen Behandlungen hinsichtlich dieser Zusammenhänge untersucht worden. Es ergibt sich eindeutig, daß von jedem Kammzug innerhalb einer Behandlungsstufe die löchrigen Fasern einen größeren Durchmesser haben als die nichtlöchrigen Fasern, d. h., daß auch innerhalb einer Wollqualität (in diesem Fall als Kammzug vorliegend) die gröberen Fasern eher zur Bildung von Vacuolen unter bestimmten Behandlungsbedingungen neigen. Als Beispiel werden nachstehend vom Kammzug T der mittlere Durchmesser der nichtlöchrigen Fasern dem mittleren Durchmesser der stark löchrigen Fasern gegenübergestellt, und zwar nach isoionischer Wäsche und anschließender pH-6-Färbung (N = 200):

	nichtlöchrige Fasern	stark löchrige Fasern
Faserzahl (%)	25	75
mittl. Durchmesser (mμ)	28,8	37,1

Da sich, wie bereits angedeutet, diese Tendenz bei allen Behandlungsstufen von allen Kammzügen zeigt, wurde von jedem Kammzug über alle Behandlungsstufen hinweg die mittlere Feinheit für die nichtlöchrigen sowie die stark löchrigen Fasern ermittelt:

	mittl. Durchmesser (mμ)	
	nicht löchrig	stark löchrig
Kammzug R	24,7	35,3
Kammzug S	28,0	33,9
Kammzug T	34,4	37,4
Kammzug U	45,9	46,5

7.3 Chemische Untersuchungen

Zur erneuten Überprüfung, inwieweit mit einer Erhöhung der Anzahl löchriger Wollfasern eine chemische Veränderung verbunden ist, wurden Cystingehalt, AL sowie HBL bestimmt. Die Ergebnisse sind in Tab. 7 zusammengestellt. Weder der Cystingehalt, noch AL und HBL geben irgendeinen Hinweis, über chemische Veränderungen der Wollen, insbesondere auch nicht nach Blindfärbung bei pH 6, nach welcher die Wollen eine Häufung von löchrigen Fasern aufweisen.

Tab. 7 Cystingehalt, Alkalilöslichkeit und Harnstoff-Bisulfitlöslichkeit der behandelten Kammzüge

Kammzug Bezeichnung	unbehandelt	isoionisch gewaschen	Blindfärbungen nach isoionischer Wäsche pH 6	pH 2,5/3	pH 6 anschl. pH 2,5/3
*Cystingehalt**					
R	11,9	12,0	11,9	11,6	11,4
S	12,1	11,8	11,9	11,8	11,7
T	11,7	11,8	11,6	11,4	11,3
U	11,0	11,1	11,2	11,0	10,5
Alkalilöslichkeit					
R	13,4	13,1	13,4	17,1	17,0
S	12,8	13,1	13,0	18,0	16,3
T	13,7	14,2	13,6	17,7	17,5
U	11,6	12,3	11,4	15,0	15,2
Harnstoff-Bisulfitlöslichkeit					
R	34,7	35,9	30,8	43,7	40,3
S	38,8	40,0	33,4	47,3	42,1
T	49,1	50,0	41,7	55,7	50,1
U	19,0	25,7	22,8	31,4	28,4

* Cystin plus Cystein.

AL und HBL verändern sich nur in Abhängigkeit von den Blindfärbeverfahren, d. h. bei saurer Färbung steigen beide mäßig an. Der Cystingehalt bleibt praktisch über alle Behandlungsarten konstant. Hiermit wird erneut der Beweis erbracht, daß eine Erhöhung der Anzahl Fasern mit Vacuolen, wie dies insbesondere nach der pH-6-Blindfärbung gilt, keine chemische Veränderung der Wolle bewirkt.

7.4 Mechanisch-physikalische Untersuchungen

7.4.1 Zugversuche an Woll-Einzelfasern

Von je 100 Woll-Einzelfasern der verschiedenen Kammzüge in allen Behandlungsstufen wurden Zugfestigkeitsprüfungen durchgeführt, wobei von jeder Einzelfaser der Durchmesser und der Grad der Löchrigkeit vorweg festgestellt wurden (Einzelheiten zum Prüfverfahren vgl. Abschnitt 4.3.1).
Die Ergebnisse der Zugversuche an normalfeuchten Fasern (N = 100 – 65 % rel. L.-F., 20° C) sind in Tab. 8 wiedergegeben, wobei in allen Fällen der Vertrauensbereich des Mittelwertes von Zugfestigkeit und Reißdehnung für eine statistische Sicherheit S = 99 % aufgeführt ist. Weiterhin wurden in den Abbildungen 8a und 8b Zugfestigkeit und Reißdehnung über den Behandlungsstufen aufgetragen, und zwar gemeinsam mit der Anzahl der löchrigen Fasern (in %).

In diesen Darstellungen ist jeweils von den Werten der isoionisch gewaschenen Wolle (als gemeinsame Basis) ausgegangen worden, und zwar links davon befinden sich die Werte der pH-2,5/3-blindgefärbten Wolle, rechts die der pH-6-blindgefärbten sowie anschließend sauer behandelten (pH-2,5/3-blindgefärbten) Wollen. Sowohl aus den in Tab. 8 zusammengestellten Werten als auch aus den Abb. 8a und 8b ergibt sich eindeutig, daß weder die mittlere Zugfestigkeit noch die mittlere Reißdehnung in normalfeuchtem Zustand eine Abhängigkeit von der Menge löchriger Wollfasern zeigen. Mit anderen Worten:

Mittlere Zugfestigkeit und mittlere Reißdehnung werden durch eine erhöhte Anzahl Wollfasern mit Vacuolen nicht beeinflußt. Die Unterschiede zwischen den mittleren Werten der Zugfestigkeit und Reißdehnung der verschiedenen Behandlungsstufen sind statistisch nicht gesichert.

Tab. 8 Zugfestigkeit (kp/mm²) und Reißdehnung (%) von normalfeuchten (65 % rel L.-F., 20° C) Woll-Einzelfasern (N = 100) der Kammzüge nach verschiedenen Behandlungen

	unbehandelt	isoionisch gewaschen	Blindfärbungen nach isoionischer Wäsche pH 6	pH 2,5/3	pH 6 anschl. pH 2,5/3
Kammzug R (25,6 mμ)					
Zugfestigkeit (kp/mm²)	17,8 ± 1,8	17,2 ± 1,8	16,9 ± 2,1	17,8 ± 1,8	17,4 ± 1,9
Reißdehnung (%)	36,5 ± 2,8	40,6 ± 2,6	37,7 ± 3,6	39,2 ± 2,6	36,4 ± 2,8
Kammzug S (28,6 mμ)					
Zugfestigkeit (kp/mm²)	18,9 ± 2,0	18,5 ± 2,1	16,6 ± 1,7	17,3 ± 1,9	18,7 ± 2,1
Reißdehnung (%)	42,9 ± 1,7	42,9 ± 2,4	42,9 ± 2,5	40,5 ± 2,4	43,0 ± 2,1
Kammzug T (35,6 mμ)					
Zugfestigkeit (kp/mm²)	15,7 ± 2,1	15,4 ± 2,2	16,3 ± 1,7	14,4 ± 1,7	16,6 ± 1,9
Reißdehnung (%)	40,6 ± 1,8	40,8 ± 2,0	40,2 ± 2,5	42,2 ± 2,0	40,2 ± 2,0
Kammzug U (45,4 mμ)					
Zugfestigkeit (kp/mm²)	15,1 ± 1,5	16,7 ± 1,9	15,8 ± 2,0	16,9 ± 1,7	17,7 ± 2,0
Reißdehnung (%)	43,6 ± 1,6	42,9 ± 1,9	43,6 ± 1,9	44,1 ± 2,2	44,6 ± 1,9

Untersucht man die Zugfestigkeit getrennt für löchrige Fasern und nichtlöchrige Fasern innerhalb der einzelnen Behandlungsstufen der jeweiligen Kammzüge, so findet man allerdings deutliche Unterschiede zwischen beiden, und zwar weisen die nichtlöchrigen Fasern eine höhere Zugfestigkeit auf als die löchrigen Fasern. Diese Unterschiede sind zum Teil sogar statistisch gesichert. Als typisches Beispiel sei Kammzug T nach der pH-6-Blindfärbung angeführt, bei dem, wie oben gezeigt, ein kleiner Teil der Fasern nichtlöchrig ist. Diese 21 nichtlöchrigen Fasern (von insgesamt 100 Fasern) weisen eine mittlere Zugfestigkeit von 22,0 kp/mm², die 79 löchrigen Fasern eine solche von nur 14,8 kp/mm² auf.

Wie bereits an anderer Stelle gezeigt wurde, sind vorwiegend die gröberen Fasern innerhalb einer bestimmten Behandlungsstufe eines Kammzuges stärker löchrig. Dies gilt auch hier. Die löchrigen Fasern des pH-6-blindgefärbten Kammzuges T haben einen mittleren Durchmesser von 35,8 mμ, die nichtlöchrigen Fasern einen mittleren Durchmesser von 25,4 mμ. Aus früheren Untersuchungen ist bekannt, daß innerhalb einer Wollprovenienz (rohweiß, gewaschen) die Zugfestigkeit mit zunehmendem Durchmesser abfällt [16], ohne daß hierbei Vacuolen eine Rolle spielen. Aus Abb. 9, in der die Zugfestigkeitswerte der einzelnen Fasern über dem zugehörigen Durchmesser der pH-6-blindgefärbten Wolle aufgezeichnet sind, geht diese gleiche Tendenz eindeutig hervor. Das bedeutet, daß die feineren Fasern im allgemeinen eine höhere Zugfestigkeit, die gröberen Fasern eine niedrigere Zugfestigkeit aufweisen. Es liegt somit eine Parallelität vor, wonach die gröberen Wollfasern mit einer von Haus aus geringeren Zugfestigkeit zugleich auch – im überwiegenden Fall – Fasern mit Vacuolen sind, während die feineren Fasern mit einer von Haus aus höheren Zugfestigkeit überwiegend keine Vacuolen haben. Schließlich ist noch in den mittleren Feinheitsbereichen (Abb. 9) eine Überschneidung zu erkennen, d. h. Fasern ohne Löcher weisen dort eine niedrigere Zugfestigkeit auf als Fasern mit Löchern, z. B. im Bereich 28–30 mμ.

Als weiteres Beispiel sei der gleiche Kammzug T (isoionische Wäsche – pH-6-gefärbt) angeführt, jedoch nach anschließender saurer Behandlung (pH 2,5/3), wonach die Anzahl nichtlöchriger Fasern sehr hoch ist. Hier weisen die 80 Fasern ohne Löcher (von insgesamt 100 Fasern) eine ebenfalls höhere Zugfestigkeit von im Mittel 17,1 kp/mm^2 auf, die 20 löchrigen Fasern eine Zugfestigkeit von im Mittel 14,6 kp/mm^2. Die 80 nichtlöchrigen Fasern sind ebenfalls hier wieder feiner, nämlich im Mittel 33,8 mμ, die löchrigen Fasern gröber, nämlich im Mittel 39,1 mμ. Auch hier gilt, wie Abb. 10 zeigt, daß eine gewisse tendenzmäßige Abhängigkeit der Zugfestigkeit von der Feinheit vorhanden ist und daß innerhalb der einzelnen Feinheitsbereiche Zugfestigkeitsüberschneidungen von nichtlöchrigen und löchrigen Fasern vorhanden sind.

Es kann somit festgehalten werden, daß die niedrigere Zugfestigkeit der löchrigen, gröberen Wollfasern nicht mit dem Vorhandensein von Vacuolen in Zusammenhang gebracht werden kann, sondern auf die Tatsache zurückzuführen ist, daß erfahrungsgemäß innerhalb einer Wollprovenienz – wie dies auch hier der Fall ist – die gröberen Fasern in der Tendenz eine geringere Zugfestigkeit aufweisen als die feineren.

Hinsichtlich der Reißdehnung ergeben sich ebenfalls – bei Aufteilung in löchrige und nichtlöchrige Fasern innerhalb einer Behandlungsstufe eines Kammzuges – keine Zusammenhänge zur Löchrigkeit der Woll-Einzelfasern. Die Abhängigkeit der Reißdehnung vom Faserdurchmesser ist, um auch diesen Zusammenhang hier zu nennen, als »locker« zu bezeichnen, wie dies auch schon früher festgestellt wurde [16], und zwar in dem Sinne, daß mit steigendem Faserdurchmesser (innerhalb einer Wollprovenienz) die Reißdehnung in der Tendenz zunimmt.

Da mögliche physikalische Veränderungen der Wolle bei Prüfung im nassen Zustand der Faser eher sichtbar werden als im normalfeuchten Zustand – obwohl bei der Vielzahl der im normalfeuchten Zustand untersuchten Fasern evtl. Veränderungen hätten zutage treten müssen –, erfolgten Zugversuche von nassen Einzelfasern (N = 100) an den Kammzügen R, T und U in den Behandlungsstufen »unbehandelt«, »isoionisch gewaschen«, »desgl. pH-6-gefärbt« und »desgl. anschließend sauer behandelt (pH-2,5/3-gefärbt)«. Die Ergebnisse sind in Tab. 9 wiedergegeben.

Auch hier zeigen die Mittelwerte der Naß-Zugfestigkeit und Naß-Reißdehnung zwischen den verschiedenen Behandlungsstufen – und damit unabhängig von der Anzahl löchriger Wollfasern – keine statistisch gesicherten Unterschiede. – Bei Aufteilung der Fasern nach der Gruppierung »löchrig« und »nichtlöchrig« treten die gleichen Zusammenhänge auf wie bei den normalfeucht geprüften Fasern, d. h., die gröberen Fasern, die im allgemeinen zur stärkeren Löchrigkeit neigen, weisen in der Tendenz eine geringere Zugfestigkeit auf als die feineren, im allgemeinen weniger löchrigen Fasern.

Das Verhältnis der Naß-Zugfestigkeit zur Trocken-Zugfestigkeit (in %) wird als besonderes Kriterium einer möglichen Veränderung der Wolle nach irgendwelchen Behandlun-

Tab. 9 Zugfestigkeit (kp/mm²) und Reißdehnung (%) von nassen Woll-Einzelfasern (N = 100) der Kammzüge nach verschiedenen Behandlungen

	unbehandelt	isoionisch gewaschen	Blindfärbungen nach isoionischer Wäsche pH 6	pH 6 anschl. pH 2,5/3
Kammzug R (25,6 mμ)				
Zugfestigkeit (kp/mm²)	15,4 ± 1,7	16,5 ± 1,9	16,3 ± 1,9	15,4 ± 2,1
Reißdehnung (%)	50,0 ± 3,0	50,2 ± 2,4	49,8 ± 1,9	47,5 ± 2,6
Kammzug T (35,6 mμ)				
Zugfestigkeit (kp/mm²)	13,0 ± 1,9	12,2 ± 2,0	14,6 ± 2,0	13,9 ± 2,0
Reißdehnung (%)	53,3 ± 1,9	57,0 ± 2,6	56,2 ± 1,7	55,8 ± 2,6
Kammzug U (45,4 mμ)				
Zugfestigkeit (kp/mm²)	14,4 ± 1,6	15,9 ± 1,9	15,1 ± 1,6	13,4 ± 1,8
Reißdehnung (%)	50,3 ± 1,6	51,8 ± 1,9	50,3 ± 1,9	52,6 ± 2,4

gen zur Bewertung herangezogen. Eine Wolle mit einer relativen Naß-Zugfestigkeit zwischen 80 bis 96 % [17] bzw. 72 bis 94 % [16] ist als »normal«, d. h. unverändert, anzusehen. Die nachstehende Tab. 10 zeigt, daß die relative Naß-Zugfestigkeit der Wollen der drei unterschiedlichen Kammzüge nach allen Behandlungstufen, insbesondere auch in den Fällen, bei denen sehr viele Fasern löchrig sind (pH-6-Färbung Kammzüge T und U mit 75 bzw. 83 % löchriger Fasern), innerhalb dieser Grenzen liegt. – Die Werte der relativen Naß-Reißdehnung, die für unveränderte Woll-Einzelfasern 106 bis 165 % betragen können [16], befinden sich ebenfalls innerhalb dieser Grenzen.

Auf Grund der hier durchgeführten Zugprüfungen an Wollfasern und den dabei möglichen Auswertungen ist als bewiesen anzusehen, daß die Vacuolen keine Veränderung der mechanisch-physikalischen Eigenschaften beim statischen Zugversuch bewirken.

Tab. 10 Relative Naß-Zugfestigkeit und relative Naß-Reißdehnung

Behandlung	Kammzug Bezeichnung	rel. Naß-Zugfestigkeit %*	rel. Naß-Reißdehnung %*
unbehandelt	R	86,1	137
	T	82,9	131
	U	95,7	115
isoionisch gewaschen	R	95,6	124
	T	79,7	142
	U	95,1	121
isoionisch gewaschen, pH-6-gefärbt	R	96,4	132
	T	89,5	140
	U	95,2	115
isoionisch gewaschen, pH-6-gefärbt, anschl. pH 2,5/3	R	88,6	131
	T	83,9	139
	U	75,6	118

* In % der Trocken-Zugfestigkeit bzw. -Reißdehnung.

7.4.2 Elastizitätsuntersuchungen

Nachdem sich gezeigt hatte, daß sich hinsichtlich Zugfestigkeit und Reißdehnung von normalfeuchter und nasser löchriger Wolle keine Veränderungen gegenüber nichtlöchriger Wolle ergeben, erschien es uns trotzdem zur weiteren Absicherung erforderlich, Untersuchungen über das elastische Verhalten der Woll-Einzelfasern vorzunehmen. Das Verfahren ist in Abschnitt 4.3.2 beschrieben.

Bei diesen außerordentlich zeitaufwendigen Prüfverfahren müssen aus einer Vielzahl von einzeln aufgeklebten Fasern diejenigen mikroskopisch ausgesucht werden, die einmal in einem engbegrenzten Feinheitsbereich liegen und zum anderen sowohl eine starke Vacuolenbildung, als auch keine Vacuolen aufweisen. Die Aussage über das elastische Verhalten ist nur an etwa gleichfeinen Wollfasern gesichert. Weiterhin sind die Schwierigkeiten der Auswahl dadurch besonders groß, weil, wie gezeigt, der Durchmesser von löchriger und nichtlöchrigen Fasern überwiegend unterschiedlich ist. Dies ist auch der Grund, warum die Untersuchungen nur auf einen Kammzug, nämlich Kammzug T, beschränkt wurden, wobei sowohl das unbehandelte, als auch das isoionisch gewaschene und das anschließend pH-6-gefärbte Material zur Elastizitätsuntersuchung herangezogen worden ist.

7.4.2.1 Elastisches Verhalten von Woll-Einzelfasern im normalfeuchten Zustand (65 % rel. L.-F., 20° C)

Die Ergebnisse sind in Tab. 11 bis 13 wiedergegeben (Begriffe vgl. Abb. 5). Hierbei ist jeweils die Aufteilung in elastische Dehnung (Spalte b), verzögerte elastische Dehnung (Spalte c) und »tote« Dehnung (Spalte d), vorgenommen, und zwar einmal in % der Einspannlänge (20 mm) sowie in % der jeweiligen Dehnungsstufe. Die Dehnungsstufen sind

*Tab. 11 Elastisches Verhalten von löchrigen (A) und nichtlöchrigen (B) etwa gleichfeinen * Woll-Einzelfasern (N > 10) im normalfeuchten Zustand des unbehandelten Kammzuges T*

a Dehnungsstufe in % der Einspannlänge	b elastische Dehnung		c verzögerte elastische Dehnung		d »tote« (irreversible) Dehnung	
	A	B	A	B	A	B
	in % der Einspannlänge					
2,5	2,00	1,93	0,50	0,57		
5,0	3,53	3,47	1,18	1,16	0,29	0,37
10,0	5,28	5,30	2,72	2,44	2,00	2,26
15,0	6,78	6,59	3,73	3,44	4,49	4,97
20,0	7,92	7,64	4,70	4,68	7,38	7,68
30,0	10,43	10,27	5,85	5,85	13,72	13,88
40,0	13,22	12,94	6,10	6,30	20,68	20,76
	in % der jeweiligen Dehnungsstufe					
2,5	80,0	77,2	20,0	22,8	0,0	0,0
5,0	70,6	69,4	23,6	23,2	5,8	7,4
10,0	52,8	53,0	27,2	24,4	20,0	22,6
15,0	45,2	43,9	24,9	22,9	29,9	33,2
20,0	39,6	38,2	23,5	23,4	36,9	38,4
30,0	34,8	34,2	19,5	19,5	45,7	46,3
40,0	33,1	32,4	15,2	15,7	51,7	51.9

* 32–36 mμ.

Tab. 12 Elastisches Verhalten von löchrigen (A) und nichtlöchrigen (B) etwa gleichfeinen Woll-Einzelfasern (N > 10) normalfeuchten Zustand (65 % rel. L.-F., 20° C) des isoionisch gewaschenen Kammzuges T*

a Dehnungsstufe in % der Einspannlänge	b elastische Dehnung		c verzögerte elastische Dehnung		d »tote« (irreversible) Dehnung	
	A	B	A	B	A	B
	in % der Einspannlänge					
2,5	1,83	1,93	0,65	0,54	0,02	0,03
5,0	3,42	3,49	1,30	1,17	0,28	0,34
10,0	5,27	5,54	2,37	2,20	2,36	2,26
15,0	6,44	6,81	3,51	3,66	5,05	4,53
20,0	7,60	8,01	4,48	4,50	7,92	7,49
30,0	10,13	10,27	5,72	5,77	14,15	13,96
40,0	11,34	12,40	6,54	6,09	22,12	21,51
	in % der jeweiligen Dehnungsstufe					
2,5	73,2	77,2	26,0	21,6	0,8	1,2
5,0	68,4	69,8	26,0	23,4	5,6	6,8
10,0	52,7	55,4	23,7	22,0	23,6	22,6
15,0	42,9	45,4	23,4	24,4	33,7	30,2
20,0	38,0	40,1	22,4	22,5	39,6	37,4
30,0	33,7	34,2	19,1	19,2	47,2	46,6
40,0	28,4	31,0	16,3	15,2	55,3	53,8

* 32–36 mμ.

in Spalte a angegeben. In den Spalten b, c und d erfolgte jeweils die Gegenüberstellung von löchrigen Fasern (A) und nichtlöchrigen Fasern (B).

Mit steigender Dehnung (von 2,5 % auf 40 %) nimmt in allen Fällen die elastische Dehnung (in % der Dehnungsstufe) – unterer Teil der Tab. 11 bis 13 – deutlich ab, und zwar von ca. 77 % auf ca. 30 %, während die irreversible (»tote«) Dehnung deutlich zunimmt, und zwar von 0 % auf ca. 52 %. Die verzögerte elastische Dehnung, die letztlich zur elastischen Dehnung zu zählen ist, verändert sich nur geringfügig. Für die elastische und verzögerte elastische Dehnung, die zusammen das gesamte elastische Verhalten der Faser kennzeichnen, gilt somit, daß mit steigender Dehnungsbeanspruchung die »Elastizität« im Endbeanspruchungsbereich auf rd. 48 % absinkt.

Unabhängig vom Behandlungszustand ergeben sich in den einzelnen Dehnungsstufen praktisch völlig übereinstimmende Elastizitätswerte zwischen löchrigen und nichtlöchrigen Woll-Einzelfasern.

Abb. 11 gibt zur weiteren Anschauung in Form eines Säulendiagrammes den Anteil der reversiblen und irreversiblen Dehnung in den verschiedenen Dehnungsstufen für nichtlöchrige (A) und löchrige (B) Woll-Einzelfasern des pH-blindgefärbten Kammzuges wieder.

Um einen Gesamtüberblick über das elastische Verhalten mit zunehmender Dehnung zu erhalten, wurden nach dem Verfahren von Susich und Backer [10] elastische Dehnung, verzögerte elastische Dehnung und irreversible (»tote«) Dehnung (in % der jeweiligen Dehnungstufe) in Beziehung gesetzt zur Dehnung der Faser (in der jeweiligen Dehnungsstufe) in % der Reißdehnung. Hierbei entstehen für die einzelnen reversiblen und irre-

Tab. 13 Elastisches Verhalten von löchrigen (A) und nichtlöchrigen (B) etwa gleichfeinen Woll-Einzelfasern (N > 10) des isoionisch gewachsenen und anschließend pH-6-blindgefärbten Kammzuges T*

a Dehnungsstufe in % der Einspannlänge	b elastische Dehnung A	 B	c verzögerte elastische Dehnung A	 B	d »tote« (irreversible) Dehnung A	 B
	in % der Einspannlänge					
2,5	1,93	1,94	0,57	0,56		
5,0	3,64	3,32	1,04	1,06	0,32	0,62
10,0	5,25	4,58	2,43	2,62	2,32	2,80
15,0	6,36	5,90	3,72	3,34	4,92	5,76
20,0	7,50	6,68	4,40	4,60	8,10	8,72
30,0	9,83	8,50	5,37	6,20	14,80	15,30
40,0	11,75	11,60	7,20	6,00	21,05	22,40
	in % der jeweiligen Dehnungsstufe					
2,5	77,2	77,6	22,8	22,4	0,0	0,0
5,0	72,8	66,4	20,8	21,2	6,4	12,4
10,0	52,5	45,8	24,3	26,2	23,2	28,0
15,0	42,4	39,3	24,8	22,3	32,8	38,4
20,0	37,5	33,4	22,0	23,0	40,5	43,6
30,0	32,8	28,3	17,9	20,7	49,3	51,0
40,0	29,4	29,0	18,0	15,0	52,6	56,0

* 24–28 mμ.

versiblen Dehnungsbereiche der untersuchten Woll-Einzelfasern vergleichbare Flächen. Als Beispiele sind entsprechende Darstellungen von pH-6-blindgefärbten Woll-Einzelfasern einmal mit Vacuolen in den Abb. 12 und 13 (für Fasern mit 27 mμ bzw. 34 mμ Durchmesser), zum anderen ohne Vacuolen in Abb. 14 (mit 26 mμ Durchmesser) wiedergegeben.

Die jeweiligen Flächen der elastischen (b), verzögert elastischen (c) und irreversiblen Dehnung (d) sind für die verschiedenen Behandlungszustände in Tab. 14 zusammengestellt.

Tab. 14 Flächen der elastischen, verzögerten elastischen und irreversiblen (»toten«) Dehnung von löchrigen (A) und nichtlöchrigen (B) Woll-Einzelfasern im normalfeuchten Zustand (65 % rel. L.-F., 20° C) des unbehandelten Kammzuges T sowie in den Behandlungsstufen isoionisch gewaschen und desgl. pH-6-blindgefärbt

Behandlungsart	Dehnungsflächen elastisch A	 B	 verzögert elastisch A	 B	 irreversibel (»tot«) A	 B
unbehandelt	47,9	48,8	21,1	21,1	31,0	30,1
isoionisch gewaschen	48,4	48,8	23,9	20,3	27,7	30,9
desgleichen	45,5	45,1	20,9	20,6	33,6	34,1
pH-6-blindgefärbt	46,6		21,2		32,2	

Auch hieraus ergibt sich, daß das elastische Verhalten normalfeuchter Wollfasern weder durch Vacuolen noch durch unterschiedliche Feinheit beeinflußt wird, da die Flächenabmessungen für die einzelnen Elastizitäts- bzw. Dehnungszustände praktisch völlig übereinstimmen.

7.4.2.2 Elastisches Verhalten von Woll-Einzelfasern im nassen Zustand

Die Ergebnisse der elastischen Untersuchungen an nassen löchrigen (A) und nichtlöchrigen (B) Woll-Einzelfasern sind in den Tab. 15 bis 17 wiedergegeben, wobei auch hier in elastische Dehnung, verzögerte elastische Dehnung und »tote« Dehnung unterteilt ist. Im Gegensatz zu den normalfeuchten Wollfasern sind die nassen Wollfasern bis 40 % Dehnung praktisch voll elastisch (elastische Dehnung + verzögerte elastische Dehnung), d. h., es gibt praktisch keine bzw. nur eine vernachlässigbar sehr geringe irreversible Dehnung. Es zeigt sich somit, daß sog. Kurzzeit-Dehnungsversuche – wie in diesem Fall – ein ähnliches elastisches Verhalten der nassen Wollfaser zur Folge haben wie sog. Langzeit-Dehnungsversuche [18].

Tab. 15 Elastisches Verhalten von löchrigen (A) und nichtlöchrigen (B) etwa gleichfeinen Woll-Einzelfasern (N= 10) im nassen Zustand des unbehandelten Kammzuges T*

a Dehnungsstufe in % der Einspannlänge	b elastische Dehnung		c verzögerte elastische Dehnung		d »tote« (irreversible) Dehnung	
	A	B	A	B	A	B
	in % der Einspannlänge					
2,5	1,95	2,05	0,52	0,45	0,03	0,00
5,0	4,21	4,31	0,74	0,69	0,05	0,00
10,0	8,80	8,84	1,15	1,16	0,05	0,00
15,0	13,41	13,50	1,56	1,50	0,03	0,00
20,0	18,17	18,10	1,78	1,90	0,05	0,00
30,0	27,18	27,87	2,77	2,06	0,05	0,07
40,0	36,26	36,18	3,49	3,45	0,25	0,37
	in % der jeweiligen Dehnungsstufe					
2,5	78,0	82,0	20,8	18,0	1,2	0,0
5,0	84,2	85,1	14,8	13,8	1,0	0,0
10,0	88,0	88,4	11,5	11,6	0,5	0,0
15,0	89,4	90,0	10,4	10,0	0,2	0,0
20,0	90,8	90,5	8,9	9,5	0,3	0,0
30,0	90,6	92,9	9,2	6,9	0,2	0,2
40,0	90,7	90,5	8,7	8,6	0,6	0,9

* 32–36 mμ.

Interessant ist, daß mit zunehmender Dehnung die elastische Dehnung größer, die verzögerte elastische Dehnung kleiner wird. Dieses zunächst widersprüchlich erscheinende Verhalten läßt sich ggf. darauf zurückführen, daß infolge der zyklischen Beanspruchung in Form einer stufenweise steigenden Be- und Entlastung der »plastische« Teil der Wolle ausgeschaltet wird und somit bei den nächsthöheren Dehnungsstufen weniger zum Tragen kommt.

Tab. 16 Elastisches Verhalten von löchrigen (A) und nichtlöchrigen (B) etwa gleichfeinen Woll-Einzelfasern (N = 10) im nassen Zustand des isoionisch gewaschenen Kammzuges T*

a Dehnungsstufe in % der Einspannlänge	b elastische Dehnung		c verzögerte elastische Dehnung		d »tote« (irreversible) Dehnung	
	A	B	A	B	A	B
	in % der Einspannlänge					
2,5	2,01	2,08	0,49	0,42	0,00	0,00
5,0	4,39	4,42	0,61	0,58	0,00	0,00
10,0	9,22	9,30	0,78	0,64	0,00	0,06
15,0	14,30	14,08	0,70	0,78	0,00	0,14
20,0	19,14	18,89	0,87	0,96	0,00	0,15
30,0	28,38	27,95	1,57	1,80	0,05	0,25
40,0	36,30	35,55	3,21	3,40	0,49	1,05
	in % der jeweiligen Dehnungsstufe					
2,5	80,4	83,2	19,6	16,8	0,0	0,0
5,0	87,8	88,4	12,2	11,6	0,0	0,0
10,0	92,2	93,0	7,8	6,4	0,0	0,6
15,0	95,3	93,9	4,7	5,2	0,0	0,9
20,0	95,7	94,5	4,3	4,8	0,0	0,7
30,0	94,6	93,2	5,2	6,0	0,2	0,8
40,0	90,8	88,9	8,0	8,5	1,2	2,6

* 32–36 mμ.

Zwischen löchrigen (A) und nichtlöchrigen (B) Woll-Einzelfasern ist auch hier hinsichtlich des elastischen Verhaltens kein Unterschied festzustellen (Abb. 15). Entsprechend Tab. 14 (Abschnitt 7.4.2.1) sind die jeweiligen Flächen der elastischen (b), verzögert elastischen (c) und irreversiblen Dehnung (d) in Tab. 18 wiedergegeben.

Tab. 17 *Elastisches Verhalten von löchrigen (A) und nichtlöchrigen (B) etwa gleichfeinen* * *Woll-Einzelfasern (N = 10) im nassen Zustand des isoionisch gewaschenen und anschließend pH-6-blindgefärbten Kammzuges T*

a Dehnungsstufe in % der Einspannlänge	b elastische Dehnung		c verzögerte elastische Dehnung		d »tote« (irreversible) Dehnung	
	A	B	A	B	A	B
	in % der Einspannlänge					
2,5	1,97	1,92	0,53	0,58	0,00	0,00
5,0	4,26	4,27	0,74	0,73	0,00	0,00
10,0	8,85	8,97	1,15	1,03	0,00	0,00
15,0	13,50	13,64	1,50	1,36	0,00	0,00
20,0	18,16	18,47	1,84	1,43	0,00	0,10
30,0	27,51	27,81	2,49	2,06	0,00	0,13
40,0	35,22	36,70	4,42	3,15	0,36	0,15
	in % der jeweiligen Dehnungsstufe					
2,5	78,8	76,8	21,2	23,2	0,0	0,0
5,0	85,2	85,4	14,8	14,6	0,0	0,0
10,0	88,5	89,7	11,5	10,3	0,0	0,0
15,0	90,0	90,9	10,0	9,1	0,0	0,0
20,0	90,8	92,4	9,2	7,1	0,0	0,5
30,0	91,7	92,7	8,3	6,9	0,0	0,4
40,0	88,0	91,7	11,1	7,9	0,9	0,4

* 24–30 mμ.

Tab. 18 *Flächen der elastischen, verzögerten elastischen und irreversiblen (»toten«) Dehnung von löchrigen (A) und nichtlöchrigen (B) Woll-Einzelfasern im nassen Zustand des unbehandelten Kammzuges T sowie in den Behandlungsstufen isoionisch gewaschen und desgl. pH-6-blindgefärbt*

Behandlungsart	Dehnungsflächen elastisch		verzögert elastisch		irreversibel (»tot«)	
	A	B	A	B	A	B
unbehandelt	89,4	89,8	10,2	9,7	0,4	0,5
isoionisch gewaschen	92,0	91,3	7,5	7,6	0,5	1,1
desgleichen	89,1	90,2	10,6	9,6	0,3	0,2
pH-6-blindgefärbt	85,5		14,0		0,5	

8. Auftreten von Vacuolen nach Behandlung der Woll-Kammzüge in verschiedenen handelsüblichen pH-Pufferlösungen

Das Auftreten von Vacuolen steht, wie gezeigt (vgl. Abschnitt 5.1), eng im Zusammenhang mit dem pH-Wert des Färbeverfahrens; bei dem pH-6-Färbeverfahren für neutral ziehende Metallkomplexfarbstoffe wird der pH mit Ammoniumsulfat eingestellt, bei dem sauren Färbeverfahren mit Glaubersalz kalz. und Schwefelsäure.
Um zu überprüfen, ob diese Zusammenhänge auch dann gegeben sind, wenn anstatt des Ammoniumsulfats sowie statt Glaubersalz und Schwefelsäure handelsübliche Puffer verwendet werden, wurde in gleicher Weise wie bei den Blindfärbungen der Kammzug T 45 Minuten bei Kochtemperatur (vgl. Abschnitt 6) mit den Pufferlösungen pH 1 bis pH 12 behandelt. Da mit diesen Versuchen nur festgestellt werden sollte, ob Vacuolen in schwächerem oder stärkerem Maße auftreten oder überhaupt nicht, genügen hierfür mikroskopische Übersichtsuntersuchungen (an mehreren Präparaten je pH-Behandlung), bei denen das Auftreten von Vacuolen mit der Graduierung »keine Löchrigkeit«, »geringe Löchrigkeit«, »stärkere Löchrigkeit« beurteilt wurde. Die nachstehende Tab. 19 faßt diese Ergebnisse zusammen.
Es ergibt sich eindeutig, daß auch nach Kochbehandlung der Wolle in handelsüblichen Pufferlösungen eine Abhängigkeit zwischen pH und Grad der Löchrigkeit besteht. Von den im pH-Bereich 6–8 behandelten Wollfasern weist der größere Teil Vacuolen auf (stärkere Löchrigkeit), in gleicher Weise, wie dies bei den pH-6-Blindfärbungen der Wolle der Fall ist, nach Behandlung im sauren Bereich (pH 1–4) sowie im alkalischen Bereich (pH 10–12) entstehen in den Wollfasern praktisch keine Vacuolen. Bei den in pH 5 und pH 9 behandelten Proben sind nur bei einem geringen Teil der Fasern Vacuolen festzustellen.
Hiermit ist bewiesen, daß das Auftreten von Vacuolen in Wollfasern nur vom pH-Wert der Behandlungsflotte bei Kochtemperatur abhängt und nicht von der Salzkonzentration, ebensowenig wie vom Farbstoff.

Tab. 19 Löchrigkeit der Wollfasern (Kammzug T) in Abhängigkeit vom pH handelsüblicher Pufferlösungen (45 min Kochtemperatur)

Pufferlösung pH	Beurteilung der Löchrigkeit
1	keine
2	keine
3	keine
4	keine bis geringe
5	geringe
6	stärkere
7	stärkere
8	stärkere
9	geringe
10	keine
11	keine
12	keine

9. Zusammenfassende Schlußbetrachtung

In den Wollfasern gefärbter Teppichgarne sind mitunter kleinste Hohlräume (mit »Vacuolen« oder »Löcher« bezeichnet) mikroskopisch erkennbar, die bei geringer Vergrößerung ähnlich wie Mattierungsteilchen in Chemiefasern wirken. Diese Vacuolen werden von mancher Seite als Kriterium einer unsachgemäßen Färbebehandlung aufgefaßt, die mit einer Qualitätsminderung der Wolle verbunden sein soll, ohne daß hierfür bisher der Beweis angetreten worden ist. Von einer Qualitätsminderung kann man jedoch nur dann sprechen, wenn sich bestimmte, nach irgendeiner Behandlung auftretende chemische und mechanisch-physikalische Eigenschaften der Wolle gegenüber dem unbehandelten Material maßgebend ändern.

Wir haben uns daher die Aufgabe gestellt, zu überprüfen, unter welchen Umständen fabrikgefärbte Woll-Teppichgarne (kochende Behandlung) eine erhöhte Anzahl Wollfasern mit Vacuolen aufweisen und – wenn dies der Fall ist – ob hierdurch bestimmte chemische Eigenschaften der Wolle verändert sind. Gleiche Untersuchungen erfolgten an im Labor blindgefärbten Woll-Kammzügen verschiedener Feinheit, wobei zusätzlich an den Einzelfasern Zugversuche und Elastizitätsversuche im normalfeuchten und nassen Zustand durchgeführt wurden. Schließlich ist untersucht worden, inwieweit eine kochende Behandlung in handelsüblichen Pufferlösungen zwischen pH 1 und pH 12 zu einer Vacuolenbildung in Wolle führt.

Die Ergebnisse sind folgende:

1. Bei der lichtmikroskopischen Untersuchung von löchrigen Wollfasern ist zunächst grundsätzlich festzustellen, daß sich die runden bis ovalen Vacuolen – die Abmessungen schwanken zwischen 0,2 und 2 mμ – nur innerhalb des Cortex (Spindelzellenschicht), verteilt auf die verschiedenen Ebenen, befinden, somit nicht in der Cuticula (Schuppendecke) auftreten. – Auf Grund elektronenmikroskopischer Aufnahmen liegen die Vacuolen zwischen den Cortexzellen (Spindelzellen), wirken sich somit nicht auf die Cortexsubstanz selbst aus.
2. Von beliebigen fabrikgefärbten Woll-Teppichgarnen – die angewandten Färbeverfahren waren nicht bekannt – weisen diejenigen mit einem pH des wäßrigen Auszuges von 3,5 ($\pm$ 0,3), somit nach saurer Färbung, auf Grund mikroskopischer Auswertungen (vgl. Abschnitt 4.1.1) nur rd. 4 % ($\pm$ 3 %) Wollfasern Vacuolen auf; dagegen sind rd. 36 % ($\pm$ 12 %) der Fasern »löchrig«, wenn der pH des wäßrigen Auszuges der Teppichgarne im Bereich von 6,5 ($\pm$ 0,5), somit nach einer schwachsauren bis neutralen Färbung, liegt (vgl. Tab. 1 und Abb. 6).
3. Die mikroskopische Untersuchung von weiteren fabrikgefärbten Woll-Teppichgarnen, deren Färbeverfahren bekannt waren, ergibt, daß bei den sauer gefärbten Garnen (pH ca. 2,5/3) nur rd. 2 % ($\pm$ 1 %), bei den schwachsauren bis neutral gefärbten Garnen (pH ca. 5,5/6) rd. 35 % ($\pm$ 11 %) der Wollfasern Vacuolen aufweisen (vgl. Tab. 2).

   Schlußfolgerung aus 9,1. und 9,2.:

   Die Anzahl Wollfasern mit Vacuolen ist nach saurer (kochender) Färbung sehr gering, nach schwachsaurer bis neutraler (kochender) Färbung relativ hoch (hier über $^1/_3$ der Fasern).
4. Die chemischen Untersuchungen (Alkalilöslichkeit und Harnstoff-Bisulfitlöslichkeit) alle fabrikgefärbten Woll-Teppichgarne geben keinen Hinweis dafür, daß diejenigen Proben mit einer großen Anzahl löchriger Fasern chemisch verändert oder sogar geschädigt sind (vgl. Tab. 3).

5. Vorbehandlungen der Wolle in Form einer isoionischen (schwachsauren) Laborwäsche führen zwar zu einem gewissen Anstieg der Anzahl löchriger Fasern, jedoch in wesentlich geringerem Maße, als dies nach schwachsaurer bis neutraler Kochfärbung der Fall ist. Nach einer weiteren Vorbehandlung in Form einer »Entfettung« (Methylenchloridextraktion) weist die Wolle praktisch keine Fasern mit Vacuolen auf (vgl. Tab. 4).
6. Die mikroskopischen, chemischen und mechanisch-physikalischen Untersuchungen an vier isoionisch gewaschenen, unterschiedlich feinen rohweißen Kammzügen (Durchmesser zwischen rd. 26 und 46 mμ) nach Labor-Blindfärbungen im sauren Bereich (pH 2,5/3) und im neutralen Bereich (pH 6), im letzteren Fall auch mit nachfolgender saurer Kochbehandlung (pH 2,5/3), ergeben folgendes:
   a) Es bestätigt sich zunächst, daß die Anzahl Wollfasern mit Vacuolen nach der sauren Blindfärbung gering ist, daß diese dagegen nach der pH-6-Färbung erheblich zugenommen hat (Ausnahme s. Punkt 6c) – vgl. auch Tab. 6.
   b) Nach saurer Kochbehandlung der bereits pH-6-blindgefärbten und somit stark löchrigen Kammzüge sinkt die Anzahl Fasern mit Vacuolen deutlich ab, und zwar soweit, daß praktisch der Status der Löchrigkeit wie nach einer sauren Blindfärbung allein erreicht ist (vgl. ebenfalls Tab. 6). Diese neue Erkenntnis besagt, daß die Vacuolenbildung reversibel ist, d. h., daß Vacuolen, die nach Kochbehandlung im annähernd neutralen Bereich entstanden sind, nach anschließender saurer Kochbehandlung wieder verschwinden.
   c) Als weitere neue Erkenntnis ist festzuhalten, daß die Anzahl löchriger Wollfasern sowohl zwischen als auch innerhalb der untersuchten Kammzüge desto höher ist, je größer die Anzahl gröberer Fasern ist. Beispiele: Von dem Kammzug U mit einer mittleren Feinheit von rd. 45 mμ weisen nach der pH-6-Blindfärbung rd. 83 % der Fasern, von dem Kammzug R mit einer mittleren Feinheit von rd. 26 mμ nur rd. 15 % der Fasern Vacuolen auf (vgl. Tab. 6). Innerhalb des Kammzuges T (mittlere Feinheit rd. 36 mμ) haben die 75 % löchrigen Fasern einen mittleren Durchmesser von rd. 37 mμ, die 25 % nichtlöchrigen Fasern einen solchen von rd. 29 mμ (vgl. Abschnitt 7.2.1.2).
   d) Cystingehalt, Alkalilöslichkeit und Harnstoff-Bisulfitlöslichkeit zeigen nach den Blindfärbungen die nach üblichen sauren bzw. schwachsauren bis neutralen Färbungen auftretenden geringen Abweichungen gegenüber unbehandelter Wolle, unabhängig davon, ob die Anzahl Fasern mit Vacuolen klein oder groß ist.
   e) Die mittlere Zugfestigkeit (kp/mm^2) und mittlere Reißdehnung (% der Einspannlänge) von normalfeuchten und nassen Woll-Einzelfasern werden, jeweils getrennt für die vier Kammzüge, durch eine erhöhte Anzahl Wollfasern mit Vacuolen (z. B. nach der pH-6-Blindfärbung) nicht beeinflußt (vgl. Tab. 8 und 9 sowie Abb. 8a und 8b). Geringe Unterschiede, wie diese bei Zugversuchen an Woll-Einzelfasern unvermeidlicherweise und naturbedingt auftreten, sind statistisch nicht gesichert.
   f) Die Zugfestigkeit der löchrigen Fasern ist gegenüber den nichtlöchrigen Fasern (innerhalb eines Kammzuges und innerhalb einer Behandlungsstufe, z. B. nach pH-6-Blindfärbung) deutlich höher und zum Teil statistisch gesichert. Dieser Unterschied beruht jedoch nur darauf, daß im wesentlichen nur die gröberen Wollfasern (vgl. 6c) löchrig sind, die feineren nicht. Wir wissen [16], daß innerhalb einer Wollprovenienz, wie dies auch hier für die einzelnen Kammzüge gilt, die gröberen Fasern eines rohweißen, unbehandelten Materials eine niedere Zugfestigkeit aufweisen als die feineren Fasern, ohne daß hierbei in irgendeiner Form die Vacuolen mit hineinspielen. Die gröberen, in unserem Falle zugleich löchrigen Wollfasern haben somit von Natur aus eine geringere Zugfestigkeit, so daß ein Einfluß der Vacuolen auszuschließen ist. Im übrigen zeigt sich bei Aufzeichnung der einzelnen

Zugfestigkeitswerte über dem zugehörigen Durchmesser ein Überschneiden von löchrigen und nichtlöchrigen Wollfasern (vgl. Abb. 9 und 10).

g) Die Naß-Zugfestigkeit in % der Trocken-Zugfestigkeit liegt unabhängig von der Behandlungsart und damit unabhängig vom Grade der Löchrigkeit in Bereichen, die bei früheren Untersuchungen auch für unveränderte Wolle festgestellt worden sind (zwischen 72 und 96 % [16, 17]).

h) Das elastische Verhalten, untersucht bei steigenden Dehnungsstufen (Verfahren vgl. Abschnitt 4.3.2) im trockenen und nassen Zustand der Wollfasern, wird durch das Vorhandensein von Vacuolen nicht beeinflußt, d. h. reversible und irreversible Dehnung der Einzelfasern verlaufen gleichartig, unabhängig davon, ob die Fasern Vacuolen aufweisen oder nicht (vgl. Tab. 11 bis 18 sowie Abb. 11 bis 15).

7. Bei kochender Behandlung rohweißer Wolle, in diesem Falle des Kammzuges T, in handelsüblichen Pufferlösungen zwischen pH 1 und pH 12 weist von dem in pH 6 bis pH 8 behandelten Material der größere Teil der Wollfasern Vacuolen auf, ähnlich wie nach der pH-6-Blindfärbung (Einstellung des pH-Wertes mit Ammoniumsulfat), während nach Behandlung im Bereich pH 1 bis pH 4 sowie pH 9 bis pH 12 praktisch keine Wollfasern mit Vacuolen mikroskopisch festzustellen sind. Bei den pH 5- und pH 9-behandelten Wollen ist nur ein relativ geringer Teil löchrig.

8. Allgemeine Schlußfolgerung:
Nach kochender Behandlung von Wolle im schwachsauren bis neutralen wäßrigen Medium, ähnlich wie dies für Färbungen gilt, bilden sich bei einer größeren Anzahl von Wollfasern in deren Cortex kleinste Hohlräume bzw. Vacuolen. In geringerem Maße trifft dies auch nach einer Warmwasserbehandlung im schwachsauren Gebiet zu (ähnlich einer isoionischen Wäsche). Diese mikroskopisch erkennbaren Vacuolen treten allerdings vorwiegend in gröberen Wollfasern auf, wie solche für die Herstellung von Teppichgarnen verwendet werden. Eine kochende Behandlung im sauren oder alkalischen wäßrigen Medium hat praktisch keine Bildung von Vacuolen zur Folge.

Bei den Wollen, die durch bestimmte Behandlungen eine große Anzahl von Fasern mit Vacuolen aufwiesen, konnten weder chemische Veränderungen, nachgewiesen durch Untersuchungen des Cystingehaltes, der Alkalilöslichkeit und der Harnstoff-Bisulfitlöslichkeit, noch mechanisch-physikalische Veränderungen, nachgewiesen durch Untersuchung der Zugfestigkeit, der Reißdehnung und des elastischen Verhaltens in zyklisch steigenden Dehnungsstufen, festgestellt werden. Der mikroskopische Nachweis von Vacuolen, wie diese insbesondere in gefärbten Wollfasern auftreten können, läßt nicht den Schluß einer Qualitätsminderung der Wolle zu.

10. Danksagung

Diese Untersuchungen wurden mit Unterstützung des Landesamtes für Forschung beim Ministerpräsidenten des Landes Nordrhein-Westfalen, Düsseldorf, durchgeführt, dem hiermit unser Dank ausgesprochen wird.

Unser weiterer Dank gilt Herrn Dr. G. Blankenburg, Deutsches Wollforschungsinstitut Aachen, für die Beratung bei den elastischen Versuchen sowie Herrn Direktor P. Kassenbeck, vormals Institut Textile de France, Paris, jetzt Fraunhofer-Institut für angewandte Mikroskopie, Fotografie und Kinematografie, Karlsruhe, für die elektronenmikroskopischen Aufnahmen. Weiterhin danken wir allen denjenigen Mitarbeitern des Deutschen Teppich-Forschungsinstituts, Haaren/Aachen, die an den Untersuchungen und Auswertungen beteiligt waren: Frau M. Auchter, Fräulein U. Kaltenbach, Frau Textil-Ing U. Muhr, Frau G. Rohmann sowie Herrn stud. ing. G. Funk.

11. Literaturverzeichnis

[1] Herzog, A., Über die sichtbaren Veränderungen der Schafwolle nach Behandlung mit sauren Chlorkalkbädern. Melliand Textilber. 9 (1928), 33–37 – Heermann-Herzog, Mikroskopische und mechanisch-technische Textiluntersuchungen. Verlag Springer, Berlin (1931), S. 204/205 – vgl. auch Doehner und Reumuth, Fußnote 6, S. 446.

[2] v. Bergen, W., Woolhandbook, Vol. 1, 3. Aufl., New York–London 1963.

[3] Mark, H., v. Brunswik und Brauckmeyer, Beiträge zur Kenntnis der Wolle und ihrer Verarbeitung. Verlag Bornträger, Berlin 1925 – vgl. hierzu Doehner und Reumuth, Fußnote 6, S. 452.

[4] Reumuth, H., Färberei- und Textilveredlungsvorgänge unter dem Mikroskop. Z. ges. Textilind. 58 (1956), S. 774–783, 913–925.

[5] Eckardt, K., Entwicklungen und Probleme aus dem Teppichbereich. Z. ges. Textilind. 69 (1967), S. 145–150; Schriftenreihe Deutsches Wollforschungsinstitut Aachen, H. 51 (1967), S. 142–157.

[6] Doehner, H., und H. Reumuth, Wollkunde. 2. Aufl., Verlag Paul Parey, Berlin/Hamburg 1964.

[7] DIN 54 281, Prüfung von Textilien. Bestimmung der Alkalilöslichkeit von Wolle. April 1967 – vgl. auch Spezifikation für Testmethoden. IWTO–4–60 (2. Ausgabe 66). Herausgeber IWS, London und Düsseldorf.

[8] DIN 54 279, Prüfung von Textilien. Bestimmung der Harnstoff/Bisulfit-Löslichkeit von Wolle. November 1967 – vgl. auch Spezifikation für Testmethoden. IWTO–11–62 (2. Ausgabe 66). Herausgeber IWS, London und Düsseldorf.

[9] Spezifikation für Testmethoden. Methode zur colorimetrischen Bestimmung von Cystin plus Cystein in Wollhydrodysaten. IWTO–15–66. Herausgeber IWS London und Düsseldorf.

[10] Susich, G., und St. Backer, Tensile recovery behaviour of textile fibres. Textile Res. J. 21 (1951), S. 482–509 – vgl. auch Koch, P.-A., Faserstoffe; in: Landolt-Börnstein, Zahlenwerte und Funktionen aus Physik, Chemie, Astrologie, Geophysik und Technik. IV. Band: Technik, 1. Teil, S. 410/411.

[11] DIN 54 276, Prüfung von Textilien. Bestimmung des pH-Wertes des wäßrigen Extraktes von Fasermaterial. März 1966 – vgl. auch Spezifikation für Testmethoden. IWTO–2–60. Herausgeber IWS London und Düsseldorf.

[12] Peryman, R. V., The effect on wool boiling in aqueous solutions. J. Soc. Dyers Col. 70 (1954), S. 83 ff., 71 (1955), S. 165 ff. – vgl. auch Schriftenreihe Forschungsgemeinschaft Wolle (1957).

[13] Vgl. Fußnote 16, S. 8.

[14] DIN 54 278, Prüfung von Textilien. Bestimmung der in Faserstoffen enthaltenen und in organischen Lösungsmitteln löslichen Anteile an Fremdstoffen. Juli 1965 (Entwurf) – vgl. auch Spezifikation für Testmethoden. IWTO–10–62. Herausgeber IWS London und Düsseldorf.

[15] Schaeffer, A., Technologie der Färberei und Textilveredlung. Verlag Melliand, Heidelberg 1954, S. 281 bzw. 287.

[16] Satlow, G., Charakteristische Eigenschaften von Rohwollen. Forschungsbericht des Landes NRW Nr. 1084. Westdeutscher Verlag, Köln–Opladen 1962. – Schriftenreihe Deutsche Forschungsgemeinschaft Wolle, Aachen, Nr. 35 (1963); dort auch weitere Literaturhinweise.

[17] Gorp, van, P. J., De Wol. Utigave Intern. Wol Secretariat, Amsterdam 1955.

[18] Vgl. z. B. Onions, W. J., Wool. An introduction to its properties, varieties, uses and production. Verlag E. Benn Ltd., London 1962, S. 46–63.

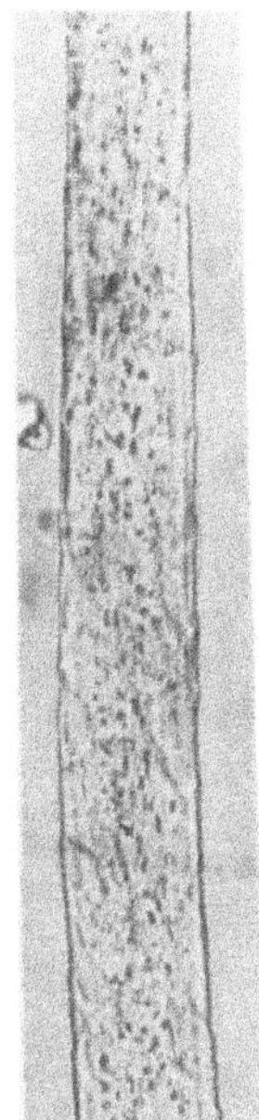

Abb. 1: »Löchrige« Wollfaser 1: 250

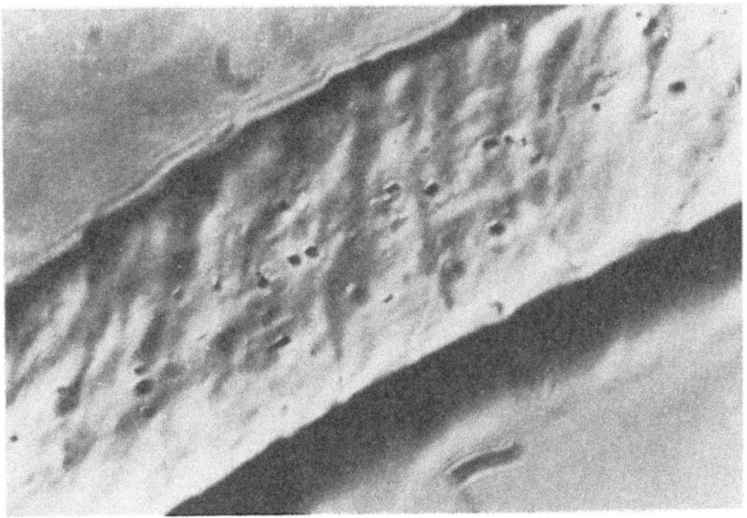

Abb. 2: »Löchrige« Wollfaser (Dunkelfeld, schräge Beleuchtung) 1: 950

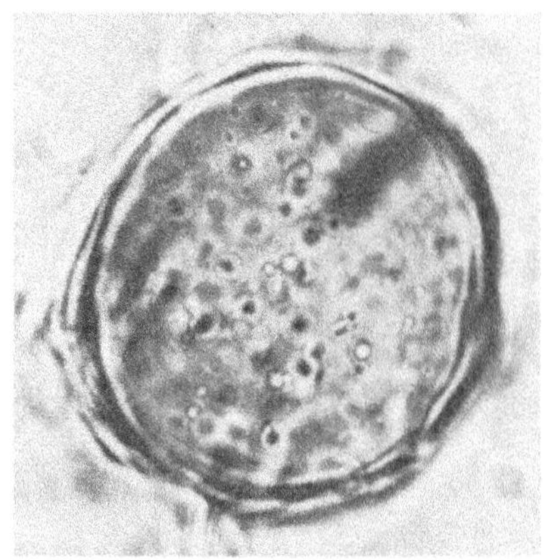

Abb. 3: »Löchrige« Wollfaser (Querschnitt) 1: 950

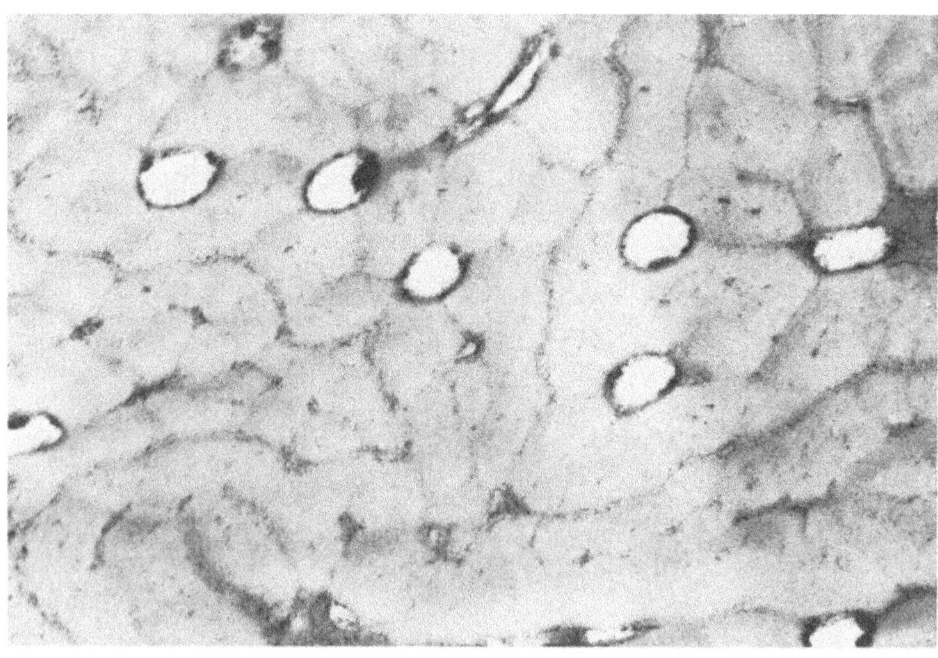

Abb. 4: Elektronenmikroskopische Aufnahme 1: 29 000 (Ausschnitt aus dem Querschnitt einer »löchrigen« Wollfaser) – Aufnahme P. Kassenbeck

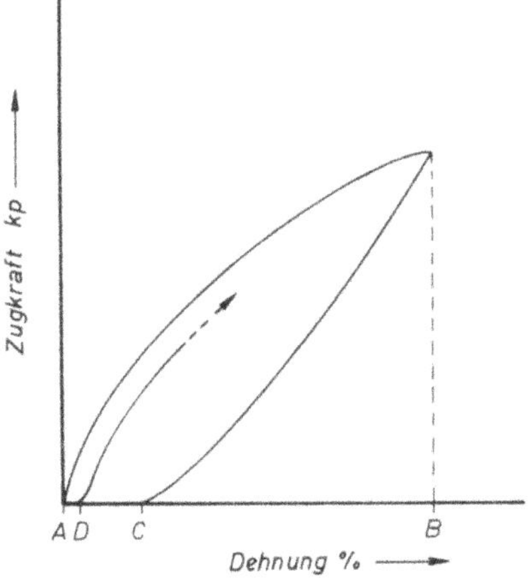

Abb. 5: Elastische Dehnung (CB), verzögerte elastische Dehnung (DC) und »tote« (irreversible) Dehnung (AD) – Schema

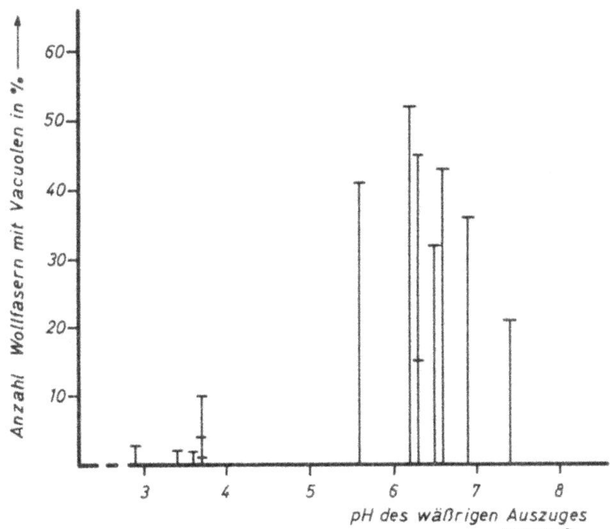

Abb. 6: Anzahl löchriger Woll-Einzelfasern fabrikgefärbter Garne

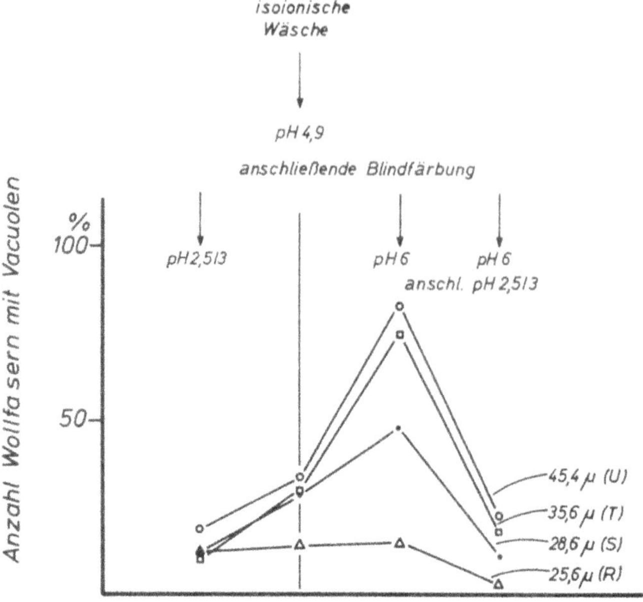

Abb. 7: Anzahl löchriger Woll-Einzelfasern blindgefärbter Kammzüge

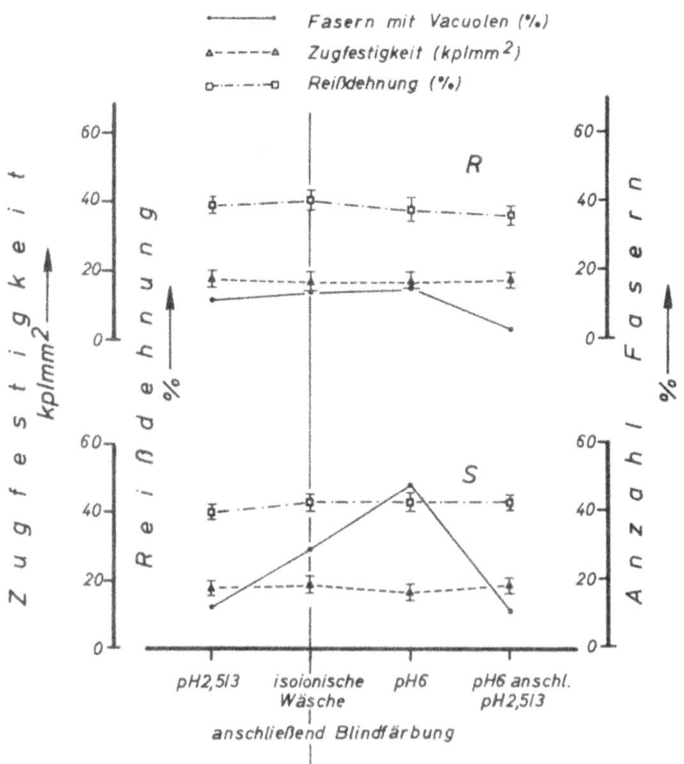

Abb. 8a: Zugfestigkeit und Reißdehnung (normalfeucht – 65 % rel. L.-F., 20° C) sowie Anzahl löchriger Woll-Einzelfasern nach den verschiedenen Behandlungsstufen

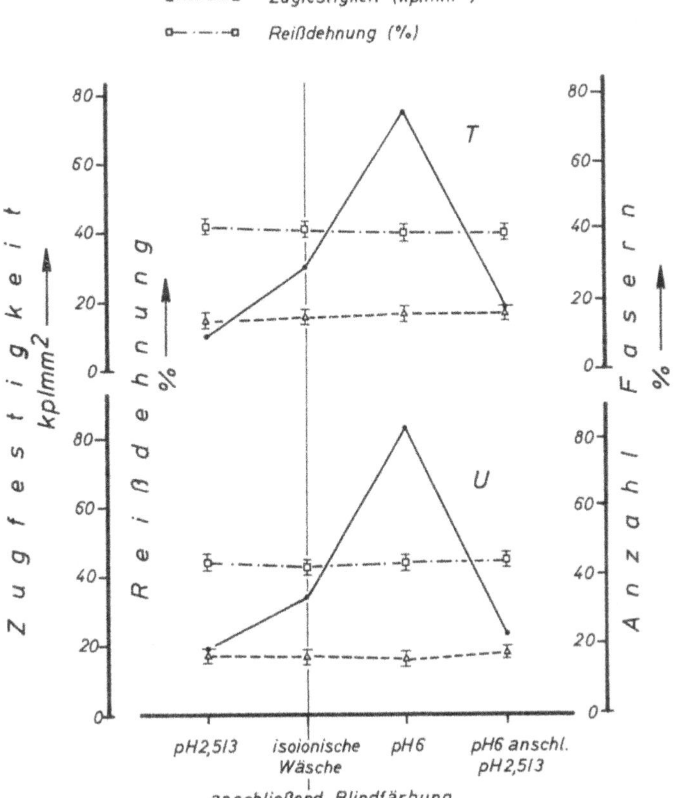

Abb. 8b: Zugfestigkeit und Reißdehnung (normalfeucht – 60 % rel. L.-F., 20° C) sowie Anzahl löchriger Woll-Einzelfasern nach den verschiedenen Behandlungsstufen

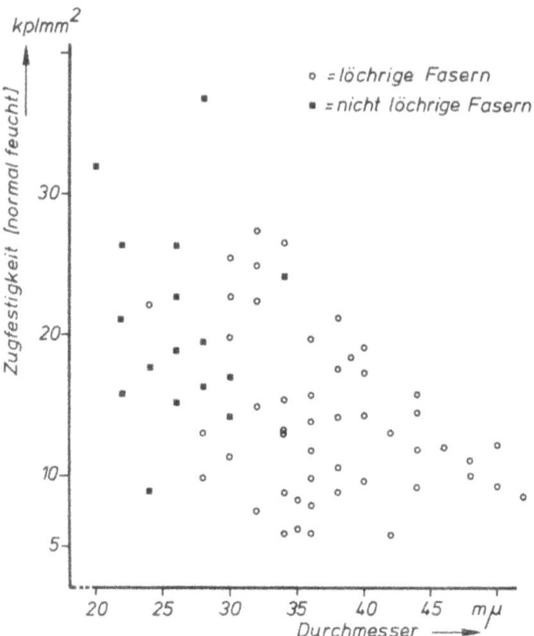

Abb. 9: Zugfestigkeit von Woll-Einzelfasern (normalfeucht – 65 % rel. L.-F., 20° C) aus Kammzug T (isoionisch gewaschen, anschließend pH-6-blindgefärbt)

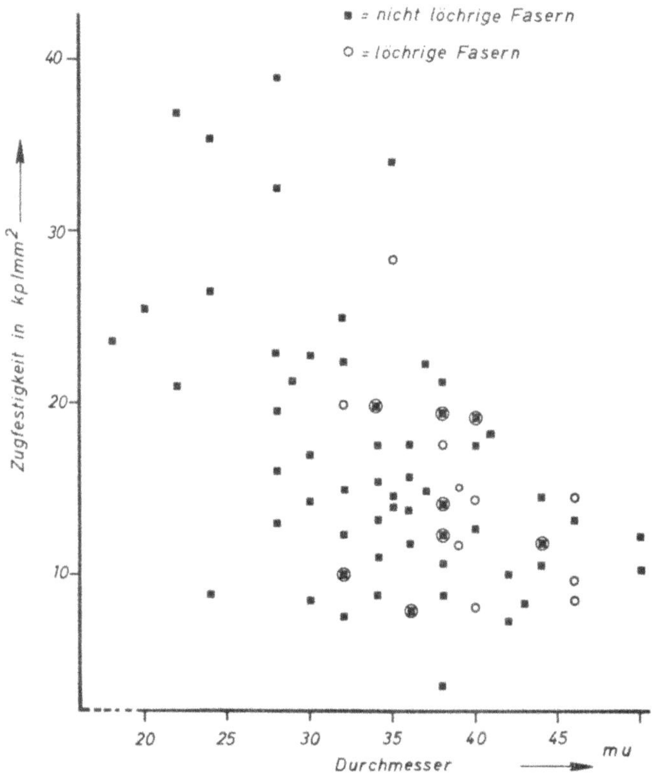

Abb. 10: Zugfestigkeit von Woll-Einzelfasern (normalfeucht – 65 % rel. L.-F., 20° C) aus Kammzug T (isoionisch gewaschen, pH-6-blindgefärbt, anschl. pH-2,5/3-behandelt)

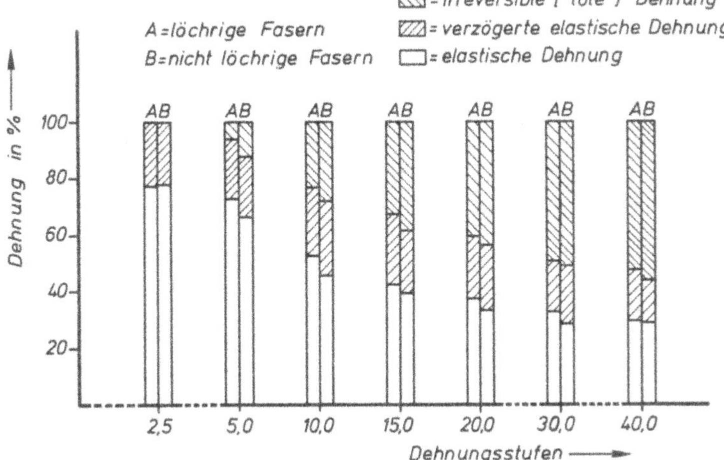

Abb. 11: Elastisches Verhalten von löchrigen (A) und nichtlöchrigen (B) Woll-Einzelfasern (normalfeucht – 65 % rel. L.-F., 20° C) aus isoionisch gewaschenem, anschließend pH-6-blindgefärbtem Kammzug T

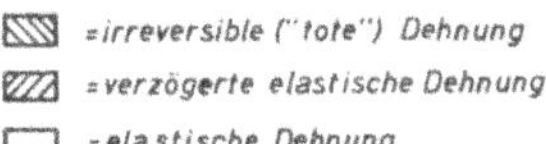

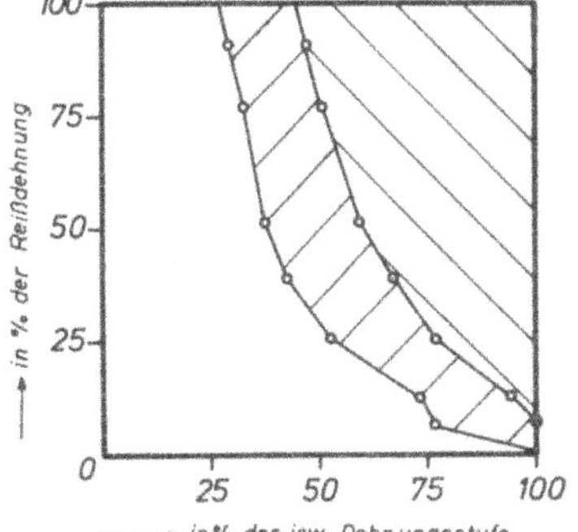

Abb. 12:
Mittleres elastisches Verhalten löchriger Woll-Einzelfasern (26,7 mμ) aus Kammzug T (isoionisch gewaschen, anschließend pH-6-blindgefärbt)

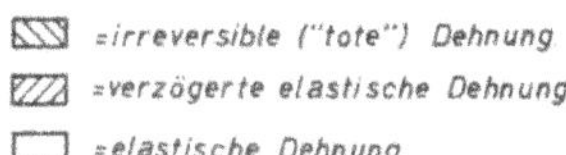

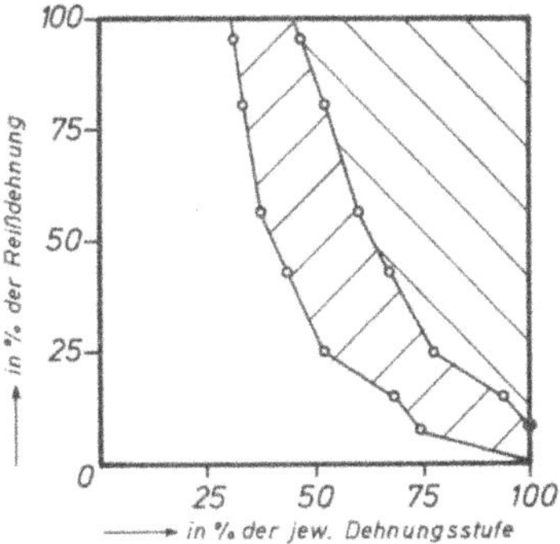

Abb. 13:
Mittleres elastisches Verhalten löchriger Woll-Einzelfasern (33,7 mμ) aus Kammzug T (isoionisch gewaschen, anschließend pH-6-blindgefärbt)

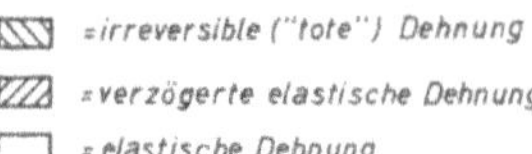

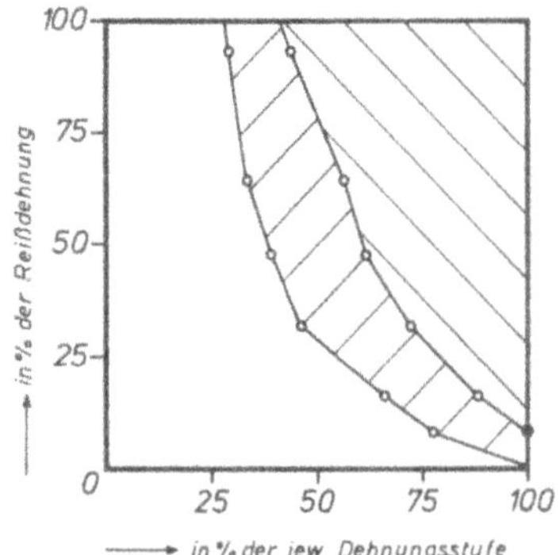

Abb. 14: Mittleres elastisches Verhalten nichtlöchriger Woll-Einzelfasern (26,0 mμ) aus Kammzug T (isoionisch gewaschen, anschließend pH-6-blindgefärbt)

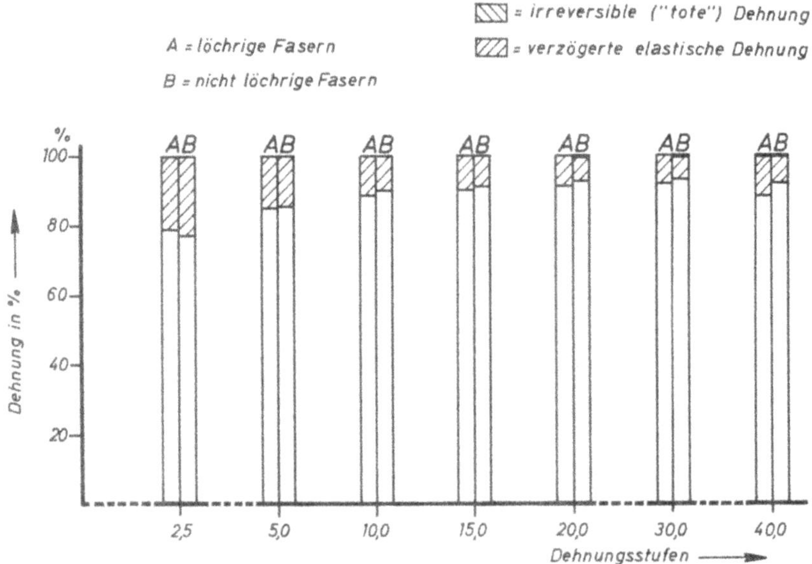

Abb. 15: Elastisches Verhalten von löchrigen (A) und nichtlöchrigen (B) Woll-Einzelfasern (naß) aus isoionisch gewaschenem, ph-6-blindgefärbtem Kammzug T

Forschungsberichte des Landes Nordrhein-Westfalen

Herausgegeben im Auftrage des Ministerpräsidenten Heinz Kühn vom Minister für Wissenschaft und Forschung Johannes Rau

Sachgruppenverzeichnis

Acetylen · Schweißtechnik
Acetylene · Welding gracitice
Acétylène · Technique du soudage
Acetileno · Técnica de la soldadura
Ацетилен и техника сварки

Arbeitswissenschaft
Labor science
Science du travail
Trabajo científico
Вопросы трудового процесса

Bau · Steine · Erden
Constructure · Construction material · Soilresearch
Construction Matériaux de construction · Recherche souterraine
La construcción · Materiales de construcción · Reconocimiento del suelo
Строительство и строительные материалы

Bergbau
Mining
Exploitation des mines
Minería
Горное дело

Biologie
Biology
Biologie
Biologia
Биология

Chemie
Chemistry
Chimie
Quimica
Химия

Druck · Farbe · Papier · Photographie
Printing · Color · Paper · Photography
Imprimerie · Couleur · Papier · Photographie
Artes gráficas · Color · Papel · Fotografía
Типография · Краски · Бумага · Фотография

Eisenverarbeitende Industrie
Metal working industry
Industrie du fer
Industria del hierro
Металлообработывающая промышленность

Elektrotechnik · Optik
Electrotechnology · Optics
Electrotechnique · Optique
Electrotécnica · Optica
Электротехника и оптика

Energiewirtschaft
Power economy
Energie
Energía
Энергетическое хозяйство

Fahrzeugbau · Gasmotoren
Vehicle construction · Engines
Construction de véhicules · Moteurs
Construcción de vehículos · Motores
Производство транспортных средств

Fertigung
Fabrication
Fabrication
Fabricación
Производство

Funktechnik · Astronomie
Radio engineering · Astronomy
Radiotechnique · Astronomie
Radiotécnica · Astronomía
Радиотехника и астрономия

Gaswirtschaft

Gas economy
Gaz
Gas
Газовое хозяйство

Holzbearbeitung

Wood working
Travail du bois
Trabajo de la madera
Деревообработка

Hüttenwesen · Werkstoffkunde

Metallurgy · Materials research
Métallurgie · Matériaux
Metalurgia · Materiales
Металлургия и материаловедение

Kunststoffe

Plastics
Plastiques
Plásticos
Пластмассы

Luftfahrt · Flugwissenschaft

Aeronautics · Aviation
Aéronautique · Aviation
Aeronáutica · Aviación
Авиация

Luftreinhaltung

Air-cleaning
Purification de l'air
Purificación del aire
Очищение воздуха

Maschinenbau

Machinery
Construction mécanique
Construcción de máquinas
Машиностроительство

Mathematik

Mathematics
Mathématiques
Matemáticas
Математика

Medizin · Pharmakologie

Medicine · Pharmacology
Médecine · Pharmacologie
Medicina · Farmacología
Медицина и фармакология

NE-Metalle

Non-ferrous metal
Metal non ferreux
Metal no ferroso
Цветные металлы

Physik

Physics
Physique
Física
Физика

Rationalisierung

Rationalizing
Rationalisation
Racionalización
Рационализация

Schall · Ultraschall

Sound · Ultrasonics
Son · Ultra-son
Sonido · Ultrasónico
Звук и ультразвук

Schiffahrt

Navigation
Navigation
Navegación
Судоходство

Textilforschung

Textile research
Textiles
Textil
Вопросы текстильной промышленности

Turbinen

Turbines
Turbines
Turbinas
Турбины

Verkehr

Traffic
Trafic
Tráfico
Транспорт

Wirtschaftswissenschaften

Political economy
Economie politique
Ciencias económicas
Экономические науки

Einzelverzeichnis der Sachgruppen bitte anfordern

Westdeutscher Verlag · Opladen
567 Opladen/Rhld., Ophovener Straße 1–3, Postfach 1620

GPSR Compliance
The European Union's (EU) General Product Safety Regulation (GPSR) is a set of rules that requires consumer products to be safe and our obligations to ensure this.

If you have any concerns about our products, you can contact us on

ProductSafety@springernature.com

In case Publisher is established outside the EU, the EU authorized representative is:

Springer Nature Customer Service Center GmbH
Europaplatz 3
69115 Heidelberg, Germany

www.ingramcontent.com/pod-product-compliance
Ingram Content Group UK Ltd.
Pitfield, Milton Keynes, MK11 3LW, UK
UKHW061657190726
13853UKWH00008B/2261
* 9 7 8 3 5 3 1 0 2 1 9 1 1 *